RAL · NEU 研究报告　No. 0011

冷轧润滑系统设计理论及混合润滑机理研究

轧制技术及连轧自动化国家重点实验室

（东北大学）

北　京

冶　金　工　业　出　版　社

2015

内 容 简 介

本书归纳了东北大学轧制技术及连轧自动化国家重点实验室近年来在冷轧润滑研究领域的工作，内容涉及冷轧变形区热量的传输、轧制过程油膜厚度以及混合润滑机理研究等方面。本书所研究内容具有重要的理论意义和应用价值。

本书可供冶金、机械、材料成型、石油化工等行业从事研究、生产工作的科研人员、工程技术人员阅读，也可供高等院校相关专业师生参考。

图书在版编目(CIP)数据

冷轧润滑系统设计理论及混合润滑机理研究/轧制技术及连轧自动化国家重点实验室(东北大学)著. —北京：冶金工业出版社，2015.4

(RAL·NEU 研究报告)

ISBN 978-7-5024-6887-3

Ⅰ.①冷…　Ⅱ.①轧…　Ⅲ.①冷轧—润滑系统—系统设计—研究　②冷轧—混合润滑—研究　Ⅳ.①TG335.12

中国版本图书馆 CIP 数据核字(2015)第 062419 号

出版人　谭学余

地　　址　北京市东城区嵩祝院北巷 39 号　邮编　100009　电话　(010)64027926

网　　址　www.cnmip.com.cn　电子信箱　yjcbs@cnmip.com.cn

策　　划　任静波　责任编辑　李培禄　卢　敏　美术编辑　彭子赫

版式设计　孙跃红　责任校对　卿文春　责任印制　牛晓波

ISBN 978-7-5024-6887-3

冶金工业出版社出版发行；各地新华书店经销；三河市双峰印刷装订有限公司印刷

2015 年 4 月第 1 版，2015 年 4 月第 1 次印刷

169mm×239mm；9 印张；140 千字；129 页

44.00 元

冶金工业出版社　投稿电话　(010)64027932　投稿信箱　tougao@cnmip.com.cn

冶金工业出版社营销中心　电话　(010)64044283　传真　(010)64027893

冶金书店　地址　北京市东四西大街 46 号(100010)　电话　(010)65289081(兼传真)

冶金工业出版社天猫旗舰店　yjgycbs.tmall.com

(本书如有印装质量问题，本社营销中心负责退换)

研究项目概述

1. 研究项目背景与立题依据

冷轧技术发展到当今时代，带钢的表面质量越来越受到高度关注，用户对产品质量的要求也在不断提高。随着冷连轧技术的发展，带钢轧制的高速化已成为现代化冷连轧机发展的一大趋势。伴随着轧制速度的提高，轧制变形区的温度、摩擦条件、前滑等情况变得十分复杂，在冷轧带钢表面很容易产生与工艺润滑密切相关的划痕、热滑伤等质量缺陷，大大降低了产品的质量及市场竞争力。为了获得良好的板形质量，需要严格控制轧辊的温度和热凸度。而轧制过程中轧件的变形热、轧件与轧辊接触产生的摩擦热以及工艺冷却和润滑制度都会使轧辊的温度发生改变，进而影响到轧辊的凸度和带钢的板形，因此，准确地计算轧制过程中产生的热量是关键。与此同时，带钢表面温度、润滑油膜厚度以及摩擦系数等参数之间是相互联系、互相影响的。随着带钢表面温度的变化，润滑油的黏度也会随之改变，从而影响油膜厚度和摩擦系数，而摩擦系数的改变又会影响轧制功率，进而影响带钢的温度。影响板形的因素，除了辊系弹性变形和轧辊的磨损外，轧辊的热变形是另一个十分重要的影响因素，它会直接引起轧辊的凸度变化，从而影响带钢的平直度。工作辊热变形的有效控制是降低轧辊损耗、控制板形和提高成材率的有效措施。但是在板带钢轧制过程中，轧辊热变形的预测精度不高一直是困扰现场生产的难题。轧件在辊缝内的塑性变形功、轧件和轧辊之间的摩擦热与轧制的工艺参数有重要关系，不同条件下的轧制将带来不同的轧辊冷却问题，应针对不同的轧机特性实行相应的冷却方法。因此，有关带钢温度及轧辊温度场的研究具有重要的现实意义。

工艺冷却和润滑是冷轧工艺的重要组成部分，它是带钢冷轧过程的关键技术，在轧制过程中起着重要的作用。冷轧过程中通过对轧辊和带钢的冷却来控制带钢的板形，提高轧辊的寿命。同时轧辊温度过高还会使冷轧润滑剂失效，油膜破裂，影响冷轧过程的正常进行。冷轧过程中的润滑可以起到提高带钢表面质量、降低轧制功率消耗、延长轧辊寿命等作用。循环的乳化液不仅能带走摩擦热及变形热，而且还能冲走轧辊及带钢表面上的金属粉尘，使带钢表面具有较低的表面粗糙度，良好的润滑性和冷却性，是能否实现轧机高速轧制的关键。尽管国内冷轧生产已经具有非常大的产能，并可以稳定生产大部分的冷轧产品，但对轧制过程中的润滑问题一直都没有特别清晰的认识，对轧制润滑机理的研究更是处于一个较低的水平之上。随着国内冷轧产品的高端化，尤其是在轧制高端产品（如不锈钢板）时，冷轧润滑的作用日益显著，润滑已成为厂家提高产品质量、提高轧制速度的一个关键问题。工艺润滑涉及材料、机械、控制等多个领域，现场条件纷繁复杂，在实际生产中还有许多与润滑有关的问题没有得到很好的解决，为了从根本上解决这些问题就必须对润滑机理进行深入系统的研究。在实际冷轧生产过程中，润滑状态主要是处于混合润滑机制之下，因此，本研究拟在总结国内外冷轧润滑相关理论的基础上，考虑表面粗糙度和表面微凸体压平对润滑状态的影响，通过理论与实践相结合的方法，建立新的混合润滑数学模型，从理论和实践上比较完整地描述冷轧过程中的润滑行为，找到利用轧制实验来评价润滑油性能的指标，为冷轧工艺制度的制定和轧制油的选择与使用奠定理论基础。

目前我国企业在乳化液使用方面具有丰富的现场经验，而对于乳化液系统的设计和轧制油的使用基本上是按照国外现有的经验数据进行的，缺乏理论依据，要想真正掌握该技术，实现自主集成和自主创新，必须对现有乳化液系统设计和乳化液使用的每个环节进行深入的理论和实验研究工作，找出每个设计和使用环节的理论根据，只有这样才能赶超国外的先进水平。鉴于此，开展了乳化液系统设计和冷轧润滑机理方面的研究工作，给出乳化液系统设计的理论依据和解决方案，为新一代冷轧机润滑系统的设计奠定理论基础。

2. 研究进展与成果

本研究以东北大学与国内企业签订的合作研究项目为背景，主要围绕轧件和轧辊温度场计算、轧制过程油膜厚度和传热系数模型及轧制润滑机理三个方面开展研究工作，通过大量的理论和实验室及现场的轧制试验研究，在每个方面都取得了良好的进展，具体情况如下：

（1）轧件和轧辊温度场研究方面，对冷连轧过程中带钢和轧辊的温度变化行为等问题进行了深入系统的研究，研究取得了如下进展：

1）对冷轧过程中变形区内变形热、摩擦热和热量分配模型进行了分析，采用传统的轧件变形功模型计算轧件的变形热，考虑到实际轧制时轧辊与轧件接触表面为混合摩擦状态的实际情况，采用预位移-滑动摩擦模型计算变形区摩擦热，并在考虑带钢和轧辊初始温度对热量分配影响的基础上，将摩擦热作为等效独立热源温度来考虑，建立了变形区内轧件与轧辊之间热量的分配模型，同时采用考虑弹性变形的轧制力计算模型，在综合考虑上述模型的基础上，建立了轧制变形区内带钢温度的计算模型，包括变形功模型、摩擦热模型、热量分配模型，给出计算变形区内轧件与轧辊的摩擦热和轧件塑性变形功的方法，进而计算出变形区内总的能量。

2）建立了冷连轧过程的油膜厚度模型，并利用轧制力模型对摩擦系数进行反算，通过回归分析建立了变形区内油膜厚度与摩擦系数之间的定量关系模型，分析了乳化液浓度、黏度、流量、初始温度、轧制速度、轧辊的粗糙度等因素对冷轧过程中摩擦系数的影响规律，为轧制变形区内带钢温度的精确计算奠定了基础。

3）结合冷连轧的工艺特点，考虑到传热系数的变化及机架间带钢冷却对带钢温度的影响，建立了一套新的适合冷连轧过程的带钢温度计算模型，为机架间带钢温度的精确计算奠定了基础。

4）在 Visual Studio 6.0 环境下开发了冷轧带钢温度场模拟计算软件，利用所开发的带钢温度场计算软件，对冷轧过程中带钢温度的主要影响因素进行了分析，温度场计算结果为轧辊温度场的精确计算奠定了基础，也为冷轧过程中乳化液的合理使用提供了理论依据。

5）利用所开发的带钢温度计算软件，对冷轧过程中带钢温度的主要影响因素进行了分析，温度计算结果为轧辊温度的精确计算奠定了基础，也为冷轧过程中乳化液的合理使用提供了理论依据。

6）利用 ANSYS 商业软件这个平台，开发了轧辊温度场计算软件，在带钢温度计算的基础上，对各机架工作辊的温度场进行了计算，通过计算给出合适的用于轧辊冷却的乳化液流量，在此基础上，给出了连轧机组中每个机架轧辊冷却流量及轧辊冷却分配模式，为喷射梁设计及喷嘴的选择提供了理论依据。

（2）油膜厚度、传热系数模型研究方面，对冷连轧过程中变形区油膜厚度、传热行为等进行深入系统的研究，研究获得如下进展：

1）在实验室进行了冷轧润滑实验，建立了入口区最小油膜厚度模型，利用实验研究结果建立了油膜厚度与摩擦系数关系模型，该模型将对摩擦系数的影响因素归结为油膜厚度的影响上来，可提高轧制力模型的预测精度。结合冷轧润滑实验研究结果对影响最小油膜厚度的主要因素进行了分析，给出了各主要因素（轧制油黏度、轧制速度、压下量等）对油膜厚度的影响规律，通过计算 Stribeck 曲线对轧制润滑状态进行了定性分析，为冷轧润滑机理研究和新型油品的开发提供了理论依据。

2）研究了冷轧变形区内热阻的成因及其变化规律，在国内外研究的基础上，对轧制变形区内热阻的主要影响因素（如接触面粗糙度、接触压力、润滑油膜等）进行了分析和研究，建立了变形区内轧件与轧辊接触的热阻模型，给出了较精确的传热系数，提高了轧辊温度场的计算精度。

3）对乳化液的喷射距离、喷射角度、喷射压力、水流密度、乳化液温度等对传热系数的影响规律进行了研究，给出了乳化液的热交换能力计算模型，为冷轧带钢和轧辊温度的计算提供了条件，为每个机架喷射梁的设计与流量的精确控制奠定了基础。

（3）轧制润滑机理模型研究方面，紧密结合生产实际，在理论上深入系统地研究了冷轧润滑机制，建立了混合润滑数学模型，并根据模型实现了数值模拟计算，利用实验室轧制实验研究了不同轧制条件下润滑状态的变化，经过实验室轧制实验的验证，理论模型具有较好的精度。本研究得到的主要结论如下：

1）在考虑带钢和轧辊表面形貌的基础上，建立了整个轧制变形区域的混合润滑数学模型，采用 C++ 语言开发了模拟计算软件，分析了轧制变形区内单位轧制压力、油膜压力、接触比及油膜厚度等变量的变化情况。并利用实验室冷轧实验研究了轧制工艺对润滑状态的影响，实验结果验证了理论计算结果的有效性，理论结果从取值区间和趋势上都和实验结果十分吻合。

2）给出了乳化液本身的性质及轧制工艺条件等对轧制过程中油膜形成及润滑机制的影响规律，为轧制油的合理使用提供了技术支持。

3）建立了在实验室小轧机上进行冷轧润滑油的评价方法和指标体系，为轧制油的评价和进一步开发奠定了基础。

综上所述，项目取得的主要成果如下：

（1）开发了冷轧带钢温度和轧辊温度场计算软件，据此给出了轧辊初始温度、乳化液温度、冷却强度、轧制速度以及道次变形量等对轧辊温度场的影响规律，通过对所开发的软件进行实验验证表明，带钢和轧辊温度计算结果与现场实测值吻合较好。

（2）开发了考虑多因素影响的轧件与轧辊、乳化液与轧辊、辊间接触等的传热系数模型，模型用于带钢和轧辊温度场的计算，提高了温度的计算精度，同时开发了冷连轧过程油膜厚度与摩擦系数关系的数学模型，通过对变形区内油膜厚度与摩擦系数之间关系的定量研究，建立了新的考虑轧制速度、润滑油性能、乳化液流量等因素在内的摩擦系数模型，为轧制变形区内带钢温度的精确计算奠定了基础。

（3）利用所开发的轧辊温度场有限元分析软件，通过大量的模拟计算，建立了轧辊热变形计算模型，根据能量守恒的原则，计算用于轧辊热平衡所需要的乳化液量，在此基础上，给出了连轧机组中每个机架轧辊冷却流量及轧辊冷却分配模式，为喷射梁设计及喷嘴的选择提供了理论依据。

（4）对乳化液的喷射距离、喷射角度、喷射压力、水流密度、乳化液温度等对传热系数的影响规律进行了研究，给出了乳化液的热交换能力计算模型，为冷轧带钢和轧辊温度的计算提供了条件，为每个机架喷射梁的设计与流量的精确控制奠定了基础。

（5）在考虑带钢和轧辊表面形貌的基础上，建立了整个轧制变形区域的混合润滑数学模型，开发了模拟计算软件，实现了冷轧过程中油膜厚度、油膜压力、轧制压力等的模拟分析，给出了乳化液本身的性质及轧制工艺条件等对轧制过程中油膜形成及润滑机制的影响规律，为轧制油的合理使用提供了技术支持。

（6）建立了在实验室小轧机上进行冷轧润滑油评价的方法和指标体系，为轧制油的评价和进一步开发奠定了基础。

3. 论文与专利

论文：

（1）Jiang Zhenglian, Wang Kangjian, Zhang Xiaoming. Simulation of the strip temperature field for the tandem cold mill[C]. Proceedings of the 10th International Conference on Steel Rolling , Beijing China , 2010：863～869.

（2）王康健，姜正连，张晓明．冷连轧机带钢温度场的模拟[C]. 2010 年全国冷轧板带生产技术交流会，威海 中国，2010：38～43.

（3）Jiang Zhengyi, Wang Shujun, Wei Dongbin, Li Hejie, Xie Haibo, Wang Xiaodong, Zhang Xiaoming . Study on surface roughness muring metal manufacturing process[C]. 14th International Symposium on Advances in Abrasive Technology, Stuttgart Germany, 2011：731～736.

（4）Liang Bo, Wang Guodong, Zhang Baoyan, Zhang Xiaoming. Corrosion resistance of Al-Cu-Fe alloy powder coated with silica using an ultrasound-assisted sol-gel method[J]. Corrosion Science. 2013, 73：292～299.

（5）Liang Bo, Zhang Baoyan, Wang Guodong, Li Di, Zhang Xiaoming. Application of ultrasound irradiation on sol-gel technique for corrosion protection of Al65Cu20Fe15 alloy powder[J]. Applied Surface Science, 2013, 285：249～257.

（6）Li Hejie, Jiang Zhengyi, Wei Dongbin, Zhang Xiaoming. Micro texture based analysis of surface asperity flattening behavior of annealed aluminum alloy in uniaxial planar compression[J]. Tribology International, 2013, 66：282～288.

专利：

（1）王国栋，梁博，张晓明，张宝砚，李迪．含改性纳米铜的冷轧薄板轧制乳化油及其制备方法，2012，中国，ZL201210306149. 3.

（2）王国栋，张宝砚，梁博，张晓明．一种含有机硼酸酯的纯水基冷轧薄板轧制液及其制备方法，2012，中国，ZL201210299683. 6.

4. 项目完成人员

主要完成人员	职　称	单　位
王国栋	教授（院士）	东北大学 RAL 国家重点实验室
张晓明	教授	东北大学 RAL 国家重点实验室
樊中免	博士生	东北大学 RAL 国家重点实验室
梁　博	博士生	东北大学 RAL 国家重点实验室
涂艳峰	硕士生	东北大学 RAL 国家重点实验室
周桂岭	硕士生	东北大学 RAL 国家重点实验室
李秀玲	硕士生	东北大学 RAL 国家重点实验室
吕永鸣	硕士生	东北大学 RAL 国家重点实验室

5. 报告执笔人

张晓明、樊中免。

6. 致谢

本研究报告是在东北大学轧制技术及连轧自动化国家重点实验室王国栋院士的悉心指导下完成的，在项目的提出和项目实施的整个过程中王院士都给予了无私的帮助，在这里表示衷心的感谢！

本研究得到了国家自然科学基金委和宝山钢铁股份有限公司的联合资助，在此表示诚挚的谢意！

最后感谢东北大学轧制技术及连轧自动化国家重点实验室全体员工为本研究的顺利实施提供的大量帮助！

目　　录

摘要 …………………………………………………………………… 1

1　绪论 ………………………………………………………………… 3

1.1　冷轧过程中带钢和轧辊温度场的研究概况 ………………… 3

1.2　冷轧润滑机理的研究现状 ………………………………… 10

1.3　本研究的背景、目的和意义 ……………………………… 23

1.4　本研究的主要内容 ………………………………………… 24

2　冷轧带钢温度模拟计算 ………………………………………… 26

2.1　冷轧变形区内带钢温度计算模型 ………………………… 26

2.1.1　轧件的变形功模型 ……………………………………… 26

2.1.2　接触表面的摩擦热模型 ………………………………… 27

2.1.3　轧件与轧辊之间的热量分配 …………………………… 37

2.1.4　冷轧过程变形区内带钢温度计算 ……………………… 38

2.1.5　冷轧过程机架间带钢温度计算 ………………………… 39

2.2　摩擦系数模型的建立 ……………………………………… 42

2.2.1　冷轧过程中摩擦系数的计算 …………………………… 42

2.2.2　冷轧过程中油膜厚度模型 ……………………………… 43

2.2.3　摩擦系数与油膜厚度关系模型的建立 ………………… 55

3　冷轧轧辊温度场模拟 …………………………………………… 56

3.1　温度场、热应力有限元模拟理论 ………………………… 57

3.1.1　微元体内的能量守恒 …………………………………… 57

3.1.2　导热微分方程 …………………………………………… 57

3.1.3　初始条件和边界条件 …… 59
3.1.4　有限元计算公式 …… 60
3.2　传热系数模型 …… 62
3.2.1　轧件与轧辊接触热传导 …… 63
3.2.2　乳化液与轧辊的热传导 …… 66
3.2.3　空气与轧辊的热传导 …… 69
3.2.4　辊间接触热传导 …… 70
3.3　轧辊温度场模拟模型的建立及边界条件处理 …… 71
3.3.1　模型的建立及网格的划分 …… 71
3.3.2　初始条件和边界条件处理 …… 72
3.3.3　模拟条件 …… 77
3.4　模拟结果分析 …… 79
3.4.1　轧辊初始温度对轧辊温度场的影响 …… 79
3.4.2　轧制变形程度对轧辊温度场的影响 …… 80

4　冷轧润滑实验研究及模拟结果验证 …… 81

4.1　冷轧润滑实验研究平台的建立 …… 81
4.2　冷轧带钢与轧辊温度的对比实验 …… 84
4.3　油膜厚度与摩擦系数关系的对比实验 …… 87
4.3.1　冷轧实验原料及轧制工艺规程 …… 87
4.3.2　油膜厚度的影响因素分析 …… 87
4.3.3　摩擦系数与油膜厚度的关系 …… 90
4.3.4　润滑状态的判定 …… 92
4.4　现场轧制实验结果分析 …… 93
4.4.1　带钢温度场计算值与实测值的对比分析 …… 93
4.4.2　轧辊温度场计算值与实测值的对比分析 …… 94
4.5　乳化液流量计算和轧辊冷却分配模式确定 …… 96
4.5.1　乳化液流量计算 …… 96
4.5.2　轧辊冷却分配模式的确定 …… 99

5　混合润滑机理研究 …………………………………………… 100

5.1　冷轧润滑基本方程 …………………………………………… 100
5.1.1　表面特征的表征 …………………………………………… 100
5.1.2　油膜厚度计算 …………………………………………… 103
5.1.3　油膜压力计算 …………………………………………… 106
5.1.4　轧制力计算 …………………………………………… 107
5.2　混合润滑数学模型 …………………………………………… 111
5.2.1　入口区分析 …………………………………………… 111
5.2.2　变形区分析 …………………………………………… 114
5.2.3　不同轧制速度计算处理方法 …………………………………………… 115
5.3　模拟软件开发及结果分析 …………………………………………… 117
5.3.1　模拟软件开发 …………………………………………… 117
5.3.2　模拟结果分析 …………………………………………… 117

6　结论 …………………………………………… 122

参考文献 …………………………………………… 124

摘　　要

工艺冷却和润滑是冷轧工艺的重要组成部分，它是带钢冷轧过程的关键技术，在轧制过程中起着重要的作用。目前我国企业在冷轧润滑方面积累了丰富的现场经验，而对于冷轧润滑系统设计和轧制油的使用基本上是按照国外公司提出的要求来进行的，没有掌握其核心内容，缺乏理论依据。要想真正掌握该技术，实现自主集成和自主创新，必须对现有冷轧润滑系统设计和乳化液使用的每个环节进行深入的理论和实验研究工作，找出每个设计和使用环节的理论根据，只有这样才能赶超国外的先进水平。鉴于此，轧制技术及连轧自动化国家重点实验室（东北大学）开展了冷轧润滑系统设计和润滑机理方面的研究工作，给出冷轧润滑系统设计的理论依据和解决方案，为新一代冷轧机设计奠定理论基础。

本研究取得的主要结果可概括为如下几个方面：

（1）开发了冷轧带钢温度和轧辊温度场计算软件，据此给出了轧辊初始温度、乳化液温度、冷却强度、轧制速度以及道次变形量等对轧辊温度场的影响规律，通过对所开发的软件进行实验验证表明，带钢和轧辊温度计算结果与现场实测值吻合较好。

（2）开发了考虑多因素影响的轧件与轧辊、乳化液与轧辊、辊间接触等的传热系数模型，模型用于带钢和轧辊温度场的计算，提高了温度的计算精度，通过对变形区内油膜厚度与摩擦系数之间关系的定量研究，建立了新的考虑轧制速度、润滑油性能、乳化液流量等因素在内的摩擦系数模型，为轧制变形区内带钢温度的精确计算奠定了基础。

（3）利用所开发的轧辊温度场有限元分析软件，建立了准确的轧辊热变形计算模型，根据能量守恒的原则，计算用于轧辊热平衡所需要的乳化液量，在此基础上，给出了连轧机组中每个机架轧辊冷却流量及轧辊冷却分配模式，为喷射梁设计及喷嘴的选择提供了理论依据。

（4）对乳化液的喷射距离、喷射角度、喷射压力、水流密度、乳化液温度等对传热系数的影响规律进行了研究，给出了乳化液的热交换能力计算模型，为冷轧带钢和轧辊温度的计算提供了条件，为每个机架喷射梁的设计与流量的精确控制奠定了基础。

（5）在考虑带钢和轧辊表面形貌的基础上，建立了整个轧制变形区域的混合润滑数学模型，开发了模拟计算软件，实现了冷轧过程中油膜厚度、油膜压力、轧制压力等的模拟分析，给出了乳化液本身的性质及轧制工艺条件等对轧制过程中油膜形成及润滑机制的影响规律，为轧制油的合理使用提供了技术支持。

（6）建立了在实验室小轧机上进行冷轧润滑油评价的方法和指标体系，为轧制油的评价和进一步开发奠定了基础。

关键词： 冷轧；工艺润滑；温度场；油膜厚度；混合润滑

1 绪　论

1.1 冷轧过程中带钢和轧辊温度场的研究概况

工艺冷却和润滑是冷轧带钢生产工艺的主要特点之一，它是带钢冷轧过程的关键技术，在轧制过程中起着十分重要的作用。工艺冷却和润滑技术决定了冷轧带钢和轧辊温度场的状况，因此，对带钢和轧辊温度场的研究和有效控制是冷轧润滑系统设计的理论基础，深受国内外学者的高度重视，而带钢温度的模拟和计算是轧辊热变形研究的基础和前提，它是轧辊热凸度控制的主要依据，也就是说在轧辊热变形的研究中势必包含带钢温度计算的内容，因此，这里将对轧辊与带钢温度的研究概况一并进行介绍。

现代高速冷轧机设备的装机容量普遍达到 3×10^4kW 以上，在轧制过程中，折合带钢的功率输入大约在 200kW 以上，这部分输入功率主要转变成变形热，这些热量会使带钢和轧辊温度显著提高。带钢及轧辊温度的升高会显著影响轧制过程、轧制条件以及带钢的力学性能[1]。国内外很多学者都非常关注由于这些热能给轧制过程的冷却带来的问题。

在冷轧过程中，带钢温度是影响热能流向的重要因素，不但直接影响轧辊热变形计算精度，而且也是轧辊热凸度控制的主要依据。由于没有适合的数学模型，早期对带钢和轧辊的热行为分析主要是靠经验和实测的方法。对冷轧过程中带钢热行为的理论分析始于 1960 年，Johnson 和 Kudo 采用上界法对带钢的温度进行了预测[2]。1961 年 Grauer 预测了铝箔轧制过程中带钢的温度[3]。1978 年 Lahoti[4] 对带钢温度做了最初的分析，但是其分析仅限于咬入区。1984 年 Tseng[5] 开发了有限差分模型，对轧辊与带钢的温度分布进行了分析。该模型可以很好地用于高速轧制，但其分析只局限于咬入区部分，其模型没有考虑辊面由于对流换热造成的热损失，而且假定带钢与轧辊接触区表面温度是相同的，同时还假设带钢与轧辊之间的摩擦热是恒定的，这与实际不符。1990 年 Tseng[6] 提出了将轧辊与带钢进行耦合的分析模型，在该模型中带钢的温度按分离变量法求解，而且轧辊与带钢接触界面上的两个热传输模型具有兼容性，这样有利于研究界面几何形状、工艺条件的变化对热行为的影响，但是它的不足在于计算精度不高。1998 年 Chang[7] 开发了一个塑性变形与热效应关联的简单模型。该模型通过有限差分法与解析解的组合来减少计算时间，但是对于计算整个轧辊或板带区域时会很复杂。2006 年 Tieu[8] 提出一个处理接触热传导方式的热模型，分析了混合摩擦润滑条件下各工艺参数对温度场的影响情况，但是在计算摩擦热时，带钢速度采用的是整个变形区内的平均速度，这就影响了摩擦热的计算精度。

影响辊缝形状的主要因素有轧辊的弹性变形、轧辊的热变形和轧辊的磨损辊型等。板形的好坏主要取决于轧制时的辊缝形状，板形的精确预报既依赖于轧辊弹性变形的计算精度，也依赖于轧辊热变形的计算精度，因此，在板形理论中，轧辊的热变形理论和弹性变形理论居于同等重要的地位。要想很好地解决板形问题，精确求解轧辊的温度场对分析轧机辊系变形具有重要的指导意义。但是，目前关于冷轧轧辊温度场的研究较少，而对冷轧轧辊热凸度控制的研究则较多[9,10]。

在一段时期内，对冷轧板形控制与预报的精度主要取决于轧辊与机架弹性变形的计算精度。理论和实践研究表明，常规的液压弯辊技术对复合波、局部波等复杂的板形缺陷控制能力十分有限，而通过采取分段精细冷却方法控制轧辊的热辊型却是解决这类板形缺陷的有效手段，因此，工作辊的热变形在板形控制中具有十分重要的作用。由于辊型在线检测技术的限制，很难在线准确测量轧辊热凸度，往往通过轧辊温度场的计算来预报和控制轧辊热变形。在实际轧制生产过程中，由于轧辊所受热载荷分布的不均匀性，轧辊的温度场分布与热变形是不均匀的。影响轧辊热变形的因素很多，边界条件复杂，因此，求解工作辊的热变形一直是板形研究和控制领域的薄弱环节。

热辊型是轧制过程中不可避免的问题。轧辊在轧制过程中由于磨损、热胀等原因，辊廓形状会发生一定程度的不规则变化，给带钢板形带来不良影响，因此，板形的计算精度也依赖于轧辊热变形和磨损辊型的计算精度[11~13]。

有关轧辊热行为的研究始于 20 世纪 60 年代初。早期研究主要集中于热应力和轧辊寿命的预测，而不能计算轧辊的瞬态热变形，直到20世纪80年代初期才取得了明显的进展。根据温度场的计算特点，计算轧辊热变形的方法可大致分为黑箱法、经验公式法、解析法和数值模拟法等几大类[14~16]。

20世纪60年代，Larke对轧辊热变形研究的一些最初成果进行了总结，这些研究认为轧辊热凸度与轧辊中心和轧辊端部之间的温差成正比，同时还认为，沿辊身长度方向温度按二次曲线分布，这样便决定了轧辊的热凸度也按二次曲线分布。Larke总结的所谓黑箱法没有考虑整个轧制过程中轧辊温度场的动态变化，以轧制过程中实测的轧辊表面温度为依据计算轧辊热变形，此时认为轧辊表面和内部温度是一致的，而实际上轧辊内部存在一个非均匀的温度场，不仅轧辊表面和内部温度不同，而且对于同一点温度也在随各种条件的变化而不断变化。另外采用二次曲线来描述轧辊表面温度分布偏离了实际情况，这在随后的研究中已得到证实[17]。

1968年苏联学者博罗维克考虑了稳态、非稳态和周期性热交换三种状态下轧辊的温度场分布情况[18]。他所提出的经验公式法注意到了轧辊温度分布的不均匀性和周期性，并对轧制过程中轧辊横截面温度场的分布特点进行了总结归纳，与Larke的黑箱法相比是一大进步。但轧辊温度场是动态变化的，博罗维克试图用静态的经验公式来对轧辊温度场进行描述是与实际情况不相符的。Uhger在采用一系列假设和数学简化的基础上求得了轧辊温度场的解析表达式[17]。陈先霖和邹家祥[18]利用分离变量和点源函数法求出了轧辊三维瞬态温度场。成田健次郎、安田健一等人通过一些基本假定，对热传导控制方程采用热平衡积分法求得了轧辊温度场的多项式解。由于轧辊温度场边界条件的复杂性，用解析法求解时由于采用较多的假设条件，因此其计算精度和适用范围受到限制。

1954年Peck[19]用有限差分法计算了轧辊温度场，1973年Beeston等人在忽略热源存在及轧辊周向温度变化的情况下，取轧辊轴向剖面的四分之一作为研究对象，采用将热传导方程化为矢量方程的方法建立了轧辊的差分方程，并求出了其数值解。Wilmote和Mignon[20]建立了轴对称有限差分法模型来研究轧辊热膨胀的轴向平均值，结果表明轧辊轴向的热膨胀变化量在对应板宽范围内是一平坦的呈“钟形”的曲线。盐崎宏行等人从能量守恒角度出发建立了轧辊的差分方程，根据轧辊圆周上各部分不同情况，边界上的温度及传热系数采用等效温度及等效传热系数来处理[17]。有村等人从热传导方程出发，忽略了轧辊的周向传热，取轧辊轴向剖面的四分之一为研究对象，采用泰勒级数展开法建立了轧辊的差分方程[17]。“有村模型”是差分轴对称模型的典型代表，它至今仍被很多研究者所采用。但是在该模型中忽略了轧辊周向传热，未能考虑轧辊周期性动边界问题。因此其结果不能准确表达轧辊表面温度变化和热变形的周期性变形规律，更无法描述整个轧辊断面温度场的分布情况。Nakagawa[21]借助三维拉格朗日有限差分模型，研究了热凸度的瞬时建立过程，得出了压下量、轧件温度及冷却条件是影响热凸度的三个主要因素。

我国对轧辊温度场的研究相对较晚，随着计算机技术日益广泛应用于轧制问题的研究，20 世纪 80 年代中期以来，数值模拟一直是我国轧辊温度场和热变形的主要研究方法。吴兴宝[22]提出了模拟计算热轧轧辊在轧制过程中温度场的数学模型，并对轧辊内热应力变化情况进行了研究。杨利坡等[23]考虑水冷、空冷、轧辊与轧件接触热传导等动边界条件，采用有限差分法建立了热连轧轧辊瞬态温度场变步长分析计算模型。该模型能实现轧辊温度场的动态分析和精确计算，预测轧制过程以及轧后空冷时的轧辊瞬态温度场，计算值与实测值吻合良好。陈宝官和陈先霖[24]在轧辊温度场的有限元计算方面做了有代表性的工作。在处理边界条件上提出了假设轧辊不动，而变形区围绕轧辊转动的处理方法，然后利用有限元程序求解轧辊的温度场。

李世烜和钟掘[25]对轧辊温度场研究中，将轧辊的表面视为由边界点组合而成，追踪从轧件咬入开始辊面上每点的热载荷变化规律，建立了热载荷数学模型，提出了轧辊温度场的三维仿真数学模型，由于热流载荷的复杂性，轧辊温度场的三维仿真实际上是一个复杂的“四维”计算问题。利用上述三维模型进行轧辊温度场计算的计算量很大，因此，在进行仿真计算时忽略了轧辊周向传热，采用了简化的二维轴对称模型，并在时域上采用“变步长”的方法进行温度场求解。这种处理方法虽能大大节省计算时间，但势必导致轧辊表面温度在整个变形区与冷却区内不同，这显然与实际不完全相符。

目前，数值模拟是轧辊温度场研究的主流，其常用计算方法为有限差分法和有限元法。这两种方法的数学基础不同，由此它们在离散方法、解的精度、数据的处理量等方面也各有其特点。有限差分法具有方法简单、计算速度快等优点，只需要简化处理即可在工程上得到在线应用，因此得到了广泛应用。而有限元法虽计算量大，对计算设备要求高，但与有限差分法相比，其单元形状、疏密任意选取，可进行不均匀离散处理，计算精度高，由于计算时间的限制，在实际工程中多用于离线分析模拟。

综上所述，在目前轧辊热辊型计算中普遍采用的轴对称模型由于未能处理好轧辊温度场周期性动边界问题，因而既不能准确地描述轧辊温度场和热变形的周期性变化规律，也就无法分析并求出真正影响板形质量的轧辊出口热变形量，而采用三维瞬态温度场模型则计算量大，编程复杂，因此，轧辊温度场计算模型仍有待进一步完善。

有关冷轧过程中轧辊温度的计算，早期国外的小岛之夫[26]、平野坦[27]、Roberts[1]等人进行过比较详细的研究工作。Roberts 提出的轧辊温度计算公式中，仅考虑变形区的摩擦热，而且假设变形区全为后滑区，单位压力均匀分布，忽略了轧辊与轧件之间的接触导热，这样使得摩擦热的计算误差较大。

现代带钢冷连轧机轧制速度高，轧辊温度场处于周期性动态变化过程中，尤其是在换辊后的一段时间内，轧制处于不稳定热状态，尽管传统 AGC 厚度模型具有自学习能力，能够对静态轧辊的热膨胀量进行补偿，但是对于过渡时间内不断变化的膨胀量难以取得良好的补偿效果，使带钢厚度超差，而且容易发生断带，影响冷连轧生产的质量和产量。针对该问题王益群等人[28]建立了基于人工神经网络的轧辊热膨胀量预报模型，用机理模型作为教师对神经网络模型进行离线训练，实现了机理模型和非机理模型的有机结合，较好地保证了预报的精度，为进一步提高板厚控制的精度和成品质量奠定了基础。在对冷连轧机工作辊温度场分析及膨胀量预报过程中，按照预位移-滑动摩擦模型对摩擦热进行了计算，将轧辊与轧件间的接触面分为入口滑动摩擦区、变形停滞区、出口滑动摩擦区三个区域，但是没有考虑弹性变形的影响。

王伟和连家创[29,30]对板带轧机工作辊温度模型进行了研究，根据轧辊与轧件的热平衡关系，建立了轧辊温度计算模型，在对轧制变形区摩擦热计算过程中忽略了弹性区的摩擦热，同时对影响轧辊和轧件温度的主要因素进行了分析，为轧辊温度特性分析提供了理论依据。曹建刚等人[31]分析了冷轧过程中工作辊的温度变化及热凸度的形成，对冷轧辊热行为及其控制进行了研究，提出了控制热凸度的有效手段，但研究只是侧重于乳化液流量、喷嘴数目和喷嘴结构对轧辊热凸度的影响，没有叙述带钢温度的计算方法。

轧辊热变形计算虽然取得了一定进展，但辊缝内变形功和摩擦热计算一直没有合适的解析方法解决，这样工作辊产生热变形的部分也无法准确确定。冷轧过程中辊缝内变形功以及摩擦热是引起轧辊温升的两个主要因素，是求解轧辊热变形的前提，因此冷轧轧辊热变形的计算精度受到了一定限制。

众所周知，弹性变形与塑性变形的基本区别之一是塑性变形功是耗散的，其大部分转变成热，简称为变形热。在轧制过程中，这种变形热的影响是不可忽视的。首先，由于变形热的影响，轧件的温度升高，从而使材料软化。另外，变形热本身又受应变、应变速率及温度的影响。关于轧件温升模型曾有不少文献对其进行过研究[32~34]。黄光杰和汪凌云[35]基于刚黏塑性材料模型，推导出轧制时变形热及温升的计算公式，并应用其计算了铝箔轧制时的温升。

由于轧制时变形区内摩擦机理的复杂性，一直以来摩擦热的计算采用纯滑动摩擦模型或纯剪切摩擦模型，而摩擦热计算是确定热流边界的难点之一，同时也是影响轧辊温度场求解精度的一个重要因素。

对于热轧和中厚板轧制而言，由于轧件入口温度高，由轧件带给轧辊的热量要远远大于摩擦热（一般而言，摩擦热导致的轧件温度升高不会超过30℃）。因此，很多文献对轧辊和轧件接触面之间由于相对滑动而产生的摩擦热忽略不计，影响轧辊温度场的主要因素是轧件与轧辊之间由于温差而产生的接触导热，而轧件的塑性变形热和摩擦热并不是影响轧辊温度场的主要因素，所以这种处理方法对轧辊温度场影响不大，可以满足工程实践的要求。

对于冷轧机而言，情况则完全不同，由于冷轧过程中，轧辊和轧件接触面处于“混合摩擦状态”，在中性面及其附近轧辊与轧件处于黏着状态（称为黏着区），而在此区以外轧辊与轧件之间处于相对滑动状态，并由此摩擦功产生摩擦热。而冷轧时通常酸洗后轧件的温度不超过80℃，而摩擦热导致的轧件平均温升往往达10~20℃，这时如对摩擦热忽略或者计算粗糙，就不能满足工程需要，此时影响轧辊温度场的主要因素为轧辊与轧件之间的温度差而导致的接触导热、轧件塑性变形热、轧制变形区摩擦热。在这三个因素中，轧件塑性变形热发生在轧件内部，由于轧辊与轧件接触时间很短，所以只有极小一部分传给轧辊（文献［11］建议取2%~3%）；而摩擦热发生在轧辊与轧件接触表面，相当一部分热量由界面直接传给轧辊，而与轧件和轧辊的接触时间无关，一般传给轧辊的摩擦热为40% ~68%[11]，其对轧辊的热分配系数要比塑性变形热大得多，因此，摩擦热的计算精度直接影响到轧辊温度场和热变形的计算精度。

从以往的文献来看，对轧辊与轧件接触面摩擦热的计算普遍采用全滑动摩擦模型（库仑摩擦模型）或全黏着模型（纯剪切摩擦模型），前者认为整个变形区内摩擦系数是恒定不变的，后者则只能提供恒定的摩擦力。同时这种处理方法不仅影响了轧制变形区摩擦力的计算，也直接影响到轧制力的计算，如薄板轧制中经典的斯通公式就是采用纯滑动摩擦模型，这就影响到摩擦热的计算。而实际轧制时轧辊与轧件接触表面处于混合摩擦状态，既有滑动区又有黏着区，全滑动摩擦和全黏着摩擦只不过是混合摩擦的两种极端情况，因而采用这两种摩擦模型对摩擦热进行的计算也是比较粗糙的。

胡秋和肖刚[36]采用包含黏着摩擦和滑动摩擦在内的预位移-滑动摩擦模型计算了轧制变形区摩擦热，并综合考虑轧件塑性变形热和轧制变形区摩擦热，推导了轧件温升模型，但没有考虑弹性变形区的影响。

在冷轧生产过程中，随着轧制速度的提高，乳化液的流量达到最大值，乳化液流量的变化势必对带钢的温度产生影响，尤其是对带钢边部产生影响。工作辊的温度分布在带钢板形控制中非常重要，所以传统的方法是通过控制轧辊温度来实现板形控制，为了使轧机具有良好的板形控制能力，乳化液与工作辊之间必须保持足够的温差，提高板形控制能力，以补偿因弯辊力不足而引起的板形不良，所以应尽可能地降低工作辊温度，使其保持与需要控制的范围相一致。

轧辊温度场的计算在很大程度上取决于边界条件的处理及效果，轧件在变形区内产生的塑性变形热、轧辊与轧件之间由于相对滑动产生的摩擦热以及轧辊与轧件之间由于温差而产生的接触导热，这些热量输入轧辊使轧辊温度升高，与此同时起润滑和冷却作用的乳化液喷射在轧辊上不断从轧辊带走热量以及轧辊与环境之间的散热使轧辊的温度降低。边界条件处理的是否合理将直接影响轧辊温度场求解的精度。由于实际轧制过程中工作辊温度场边界条件和传热方式的复杂性和随机性，如果边界条件处理得粗糙，热力学参数不能准确确定，那么计算结果会与实际情况有很大的出入，因此，边界条件的处理在轧辊热变形研究中占据着十分重要的地位。

轧制变形区边界条件的确定涉及轧制变形区内轧件塑性变形热、轧辊与轧件的接触传热、轧辊与轧件在接触区内因相对滑动而产生的摩擦热等多个因素，它是温度场求解的一个重点和难点。从国内外现有文献资料来看，多数文献采用第三类边界条件来处理轧制变形区热流边界问题，即以轧件等效温度和等效传热系数来综合描述轧制过程中轧辊与轧件的热传递和热交换，该值无法通过实验方法来直接给出，所以问题的关键在于如何准确确定轧件等效温度和等效导热系数，对此至今还没有理论或实验研究成果公开发表。

1.2 冷轧润滑机理的研究现状

摩擦与润滑理论的发展始于古典摩擦理论，即黏附摩擦理论，该理论认为摩擦的产生是源于接触表面微凸体的相互黏附，由于表面微凸体的强度大体恒定，因此，黏附摩擦力的大小与接触面之间的法向压力成正比，这就是阿芒顿-库仑摩擦定律，一般称为库仑定律。Orowan[37]就是采用该模型计算的轧制力。库仑定律也可用于边界润滑条件下摩擦力的计算，但实际上影响边界润滑的条件很多，很难用这个简单模型加以描述，采用库仑定律只是一个近似的计算方法。

尽管越来越多的润滑问题都涉及狭小间隙中黏性流体的流动，但是直到1886年，Reynolds[38]针对Tower发现的轴承中油膜存在流体压力的现象，基于流体动力学提出了润滑的基本方程，成功地解释了流体动压形成机理，建立了流体动力润滑的基本理论，为现代流体润滑理论奠定了基础。雷诺方程最初用于轴承润滑问题的计算，如果从经典Reynolds理论出发分析点线接触摩擦副的润滑问题，计算所得的油膜厚度将远小于表面粗糙峰高度值，所以经典的刚性流体动力润滑理论不能反映点线接触摩擦副实现流体润滑的实质。Dowson分别与Higginson及Hamrock合作[39~41]，以完备数值解为基础，先后提出了线接触和点接触理想模型的弹流润滑理论，通常当润滑膜的厚度达到100nm以上时，我们认为其处于弹流润滑状态。当油膜厚度超过接触表面的粗糙度的3倍以上时，两摩擦表面将完全被连续的润滑介质膜隔开，没有金属-金属的直接接触，进入弹性流体动力润滑阶段。此时，摩擦变为润滑介质间相对运动的内摩擦，因此，其摩擦系数的大小将完全由润滑介质的流变性能所决定。

Reynolds 方程是一个二阶偏微分方程，以往依靠解析方法求解十分困难，必须经过许多简化处理才能获得近似解，这就使得理论计算往往具有很大的误差。直到20世纪中叶，由于计算机技术的迅速发展，复杂的润滑问题才有可能进行数值求解。1978 年 Patir 和 Cheng[42] 考虑粗糙表面对润滑的影响推导了平均雷诺方程，并将该方程用于冷轧过程润滑的计算，深化了对粗糙度效应的研究，使三维粗糙表面润滑理论获得了长足的发展。随后在很多流体润滑和混合润滑机理的研究中，都采用平均雷诺方程来计算流体动压。

弹性流体动力润滑（EHD）理论是塑性流体动力润滑（PHD）理论的基础之一。1966 年 Cheng[43] 用弹性流体动力润滑理论估算了轧辊与带材界面润滑膜厚度，其后 Bedi、Hillier 和 Avitzur[44,45] 等人采用弹性流体动力润滑理论和最小能量原理计算了轧制变形区入口的润滑膜厚。1971 年 Wilson 和 Walovit[46] 的研究发现，对轧制入口区采用弹性流体动力和塑性流体动力理论进行处理时，其结果产生很大的差异，鉴于此提出了等温条件下入口区油膜厚度的计算公式，建立了塑性流体动力润滑（PHD）理论。此外，Atkins 和 Chung 等人[47,48] 在 Wilson 研究的基础上考察了摩擦过程热效应引起的润滑剂黏度变化及其对润滑过程的影响，并各自建立了相应的润滑模型。然而这些研究都是基于厚膜润滑机制，即润滑膜厚远大于表面粗糙度的情形，而实际冷轧过程很少处于这种厚膜的流体动力润滑状态，而多处于以边界润滑为主的混合润滑状态，该润滑状态包含了流体润滑和边界润滑机制，而且当润滑剂被封闭在表面凹坑时，也可能出现流体静压作用的极端情况。因此，要确定一个准确的模型较为复杂。

Grubin 和 Dowson[49] 将流体润滑理论与 Herts 弹性接触理论耦合在一起，提出了弹性流体动力润滑理论。经过几十年的发展，在微米和亚微米的尺度上，弹流润滑理论和试验研究都趋于成熟。随着测试技术的发展，可测量的液体油膜厚度进一步减小，表面物理化学现象研究深入到纳米尺度阶段。在这一新的领域里，各种润滑状态的规律与宏观状态的流体大不相同，对此人们提出了许多模型和假设。通常当润滑膜厚在 100nm 以上时，处于弹流润滑状态，润滑膜厚降低到几个纳米以下时，处于边界润滑状态。1989 年，雒建斌[50] 根据摩擦系数和膜厚的划分范围，发现在边界润滑与弹流润滑之间，存在一个过渡阶段，并提出一种新的润滑状态，即薄膜润滑来描述该过渡润滑状态。在薄膜润滑状态中，液体膜处于纳米量级，接近润滑剂分子的尺度，随着润滑液和摩擦副之间的物理化学性质变化，液体膜状态与经典弹流润滑的理论预计相差很大。

在 Reynolds 方程推导过程中，假设润滑油的黏度和密度沿油膜厚度方向不变，但是对于考虑热效应的弹流润滑问题，油膜生成的热量主要是沿膜厚方向传递给与之相邻的固体，因此，温度沿油膜厚度的变化是不可忽略的因素，同时润滑油黏度和密度都是温度的函数，在热弹流计算中就必须考虑沿油膜厚度方向上密度和黏度的变化。为了适应这种需要，Dowson[51] 于 1962 年提出了考虑黏度和密度沿油膜厚度方向变化的普遍形式的 Reynolds 方程，并采用如下假设：

（1）与油膜相邻的固体表面曲率半径远大于油膜厚度，油膜与固体在界面上无相对滑动，即与摩擦表面接触的油层其流动速度与摩擦表面一致；

（2）与黏性剪切力相比，油膜受到的惯性力和体积力可以忽略不计；

（3）由于油膜厚度甚薄，所以认为油膜压力沿膜厚方向保持不变；

（4）与剪切速度相比，所有其他的速度梯度均可忽略不计；

（5）润滑油为牛顿流体，剪应力与速度梯度成正比，服从牛顿黏性定律，润滑油膜中流体做层流运动。

在流体动力润滑理论中，认为运动副是刚体，润滑油的黏度不变。这种理论适用于面接触的低副机构，如推力轴承和径向滑动轴承的动压润滑。但是在齿轮、滚动轴承、凸轮等高副表面之间的接触，在重载条件下接触区的接触压力峰值极高，有时可达几万个大气压，在承载区表面的弹性变形很大，其数值常常接近甚至高于平均油膜厚度。另外接触区的油膜厚度极薄，有时仅为接触区长度的千分之一，同时由于负载区压力极高，润滑油黏度也不再是恒定值，比室温下的黏度要大许多倍，这种相互影响使接触区的油压分布规律发生很大变化。这些就是弹性流体动力润滑的主要特点，简言之，弹性流体动力润滑理论就是考虑了相对运动表面弹性变形的影响。

生产实践证明，在点接触的高副机构中也能建立分隔摩擦表面的油膜，形成动力润滑。如一些齿轮的工作表面，经长期使用后仍能保持原始加工刀痕未被磨损，就是一个明显的例证。在轻载荷工作条件下，高副机构接触表面的变形和润滑油黏度的变化可以忽略不计，仍可以利用雷诺流体动力润滑理论进行计算。但是在重载工作条件下，由于接触应力很高，接触表面的几何形状发生变化，使油楔形状不再由零件的原始形状决定，同时润滑油的黏度也随着压力的提高而增加已不是恒定的数值，由于上述原因，引起油膜承载能力、油膜厚度、摩擦力等都发生变化。弹性流体动力润滑理论就是考虑到弹性体的接触变形和润滑油黏度变化对动压油膜建立所起作用的润滑理论。它的主要特征就是雷诺方程与弹性方程的结合。雷诺方程是在已知油膜形状后，求解油压的方程。而对弹性流体动力润滑理论，则既不知道油膜形式，也不知道油压方程，二者相互影响。因此，用解析法求解是十分困难的。随着电子计算机的应用，自 20 世纪 60 年代后期以来，弹性流体动力润滑理论得到了迅速的发展，如在齿轮、滚动轴承和凸轮机构的润滑中，这种理论的研究都取得了很大的进展。同时人们根据不同的使用条件，对弹性流体动力润滑进行某种简化，以一定的假设条件作为理论推导的基础而得出了不同的公式。

（1）重载条件下，当弹性变形和润滑油的黏压效应对润滑过程起重要作用时，用 Dowson[52] 公式可以得到很好的结果：

$$h_0 = 1.6\alpha^{0.6}(\eta_0 U)^{0.7}R^{0.43}E'^{-0.03}\left(\frac{B}{P}\right)^{0.13} \tag{1-1}$$

式中 α——黏压系数，m^2/N；

η_0——常压下润滑油的黏度，Pa·s；

U——运动副的卷吸速度，m/s，$U = \frac{1}{2}(U_1 + U_2)$；

R——两圆柱体的综合曲率半径，m；

E'——材料的综合弹性模量，Pa。

从式（1-1）可以看出，载荷对油膜厚度的影响很小。油膜厚度与载荷的 0.13 次方成反比关系，这说明，由于高压区油的黏度增加以及滚动体表面的弹性变形，油膜厚度因载荷的增大而下降有限，油膜厚度比较稳定。在弹性变形很大的条件下，当载荷增加时，油膜厚度几乎不变。速度对油膜厚度的影响比较大，膜厚与速度的 0.7 次方成正比。大部分接触区油膜厚度是相等的，在润滑油出口处，有一膜厚收缩区，与此相适应存在一个压力峰值，其大小有时超过赫兹应力的最大值。

（2）在很轻的载荷下，接触体可以视为刚体，同时润滑油的黏度也接近常压下的黏度，采用Martin[53]公式：

$$h_0 = 2.44748\eta_0 \frac{(U_1 + U_2)B}{P} \tag{1-2}$$

式（1-2）论证了齿轮等高副接触中，从流体动力学的角度来讲有可能存在流体润滑。但是在重载条件下，用此公式计算所得出的厚度，仅为实测值的1/50～1/100。其原因在于在重载条件下，金属表层的接触应力极高，它所引起的变形不可忽略，油的黏度在此也大幅度增加，有利于增大油膜厚度，达到流体润滑。

Martin公式推导过程中采用了以下假设：

1）圆柱体和平面都是刚性的；

2）不考虑润滑油的黏压性能；

3）润滑处于等温条件，润滑剂是等黏度不可压缩的；

4）用一个无限宽的抛物柱体接近一个平面来模拟所研究柱体间的线接触。

（3）在刚性体和变黏度的流体动力润滑范围内，适用于中等载荷和黏压效应比弹性变形影响大的场合，此时公式为：

$$h_0 = 1.95(\alpha\eta_0 U)^{8/11} R^{4/11} \left(\frac{E'B}{P}\right)^{1/11} \tag{1-3}$$

式（1-3）讨论了一个弹性体与一个刚性平面接触时的润滑问题。在推导中认为柱体表面的弹性变形与干摩擦时的情况相同，但是在柱体与平面之间存在着油膜，该式除了忽略热效应和可压缩效应以外，还做了两个基本假设：

1）润滑时柱体的变形与干摩擦时变形量一致，即在接触区有一个平行油膜，压力分布是赫兹分布，这个假设在重载时接近实际；

2）认为在接触区入口处形成一个相当高的流体动压力，因此，在产生高压的赫兹接触区内，具有平行间隙的形状，高压区内的压力分布等于赫兹压力。

在弹流润滑理论的建立和发展过程中实验研究起着十分重要的作用，这是由于弹流状态下润滑膜所处的特殊条件使得理论分析非常复杂。在现代弹流润滑理论中，除了必须考虑固体表面的弹性变形和润滑剂的黏压与黏温效应之外，还应当考虑润滑剂的流变特性、固体表面形貌、润滑膜的剪切和压缩发热以及接触区的散热、外部参数变化等多种因素的影响。因此，建立一个能同时考虑这些因素而又可解的数学方程是十分困难的，这样就必须通过试验研究加以补充和验证。

国内外文献中报道了许多不同类型的弹性流体动力润滑摩擦仪被用来试验测量纯油在弹性流体动力润滑条件下的内在摩擦性能。纯油的弹性流体动力润滑摩擦性能一经确定，主要的问题在于该油是否具备足够的油膜形成能力而使其摩擦性能得以体现。在许多实际应用过程中，润滑油膜的成膜能力及其所形成油膜的厚度甚至可以成为其润滑性能的决定性因素。这是因为对任何一个具有相当好的摩擦性能的润滑油，若在给定的应用条件下不能形成足够厚的油膜，其优良的摩擦性能亦无法体现出来。弹性流体动力润滑的接触区，一般而言都在高压条件下产生，高压有两个明显的作用：一是高压使得摩擦接触的两个界面弹性变形；二是高压使进入摩擦区的润滑油黏度大幅度增加，可以达到常温、常压下黏度的许多倍。这两个因素是高压条件下润滑油膜仍然能够在接触区内形成的基本条件。

在过去几十年中，许多学者对各种条件下如何计算润滑油膜形成厚度进行了研究。其中 Crook 的试验工作、Cheng 和 Sternlicht 的热解方程、Dowson 和 Whitaker 的研究工作[54]是这些研究中的一些典型例子。在所有这些研究中，不同的学者从数学模型上求解 Reynolds 流体方程，进行了不同的假设，他们的结果尽管由于假设的不同而略有不同，但基本结论都是一致的。作为例子，式（1-4）是计算油膜厚度 h 许多方程式中的一个：

$$\frac{h}{R} = 1.95\left(\frac{\alpha\mu v}{2R}\right)^{8/11}\left(\frac{W}{ER}\right)^{-1/11} \tag{1-4}$$

式中 W——单位接触长度上的载荷；

R——曲率半径；

α——润滑油的黏压系数；

μ——润滑油在常压下的黏度；

E——摩擦副的综合弹性模量；

v——滚动速度。

特别需要指出的是在式（1-4）中作了以下假设：

（1）入口区处于充分供油状态；

（2）整个接触区处于等温状态，符合等温条件；

（3）润滑油是牛顿流体；

（4）摩擦区间无金属-金属接触；

（5）摩擦区间内仅存在弹性变形。

由式（1-4）可以看出，油膜的厚度不仅取决于润滑油的内在流体性能，同时还取决于两摩擦体的工况条件。Lugt 等人[55]的研究工作指出摩擦接触区入口处的条件是影响润滑油弹性流体动力润滑油膜厚度的另一重要因素。因此，有关油膜厚度计算的物理条件，比如速度、黏度、几何形状均是指入口处的参数。

弹性流体动力润滑点接触理论重要的是接触区内形成油膜厚度的确定。在供油充分的条件下，弹性流体动力润滑理论已经能够对纯油弹性流体动力润滑油膜的形成及其厚度进行准确的推算，然而许多实际的摩擦应用条件并非像理论和实验所假设的那样是在理想条件下进行的，乏油条件是普遍存在的。在乏油条件下，乏油的程度对油膜形成及其厚度以及其他弹性流体动力润滑方面起到决定性的作用。有关乏油状态条件下的点接触弹性流体动力润滑油膜形成及其厚度方面的研究工作直到 20 世纪 60 年代后期才得到足够的重视，在此之前几乎所有的弹性流体动力润滑理论都假设摩擦副接触入口区处于充分供油状况。随着研究的不断深入，人们逐渐意识到许多轴承及其他润滑实际上都存在乏油状况，对点接触乏油状态下弹性流体动力润滑的研究中，虽然不同人员采用的研究思路和方法不同，但他们的结论都相当一致，即入口区润滑油供油数量的减少直接导致油膜厚度的减小，同时证明油膜厚度的减小与入口区油池的大小及其边界相对接触区的位置有关。因此，乏油状态对润滑的影响可以通过改变入口区油池相对赫兹接触区的位置进行实验研究。根据大量的理论及实验研究，Wedeven[56]总结并给出了乏油状态下油膜厚度的半经验公式。所有关于弹性流体动力润滑理论和弹性流体动力润滑乏油理论都是建立在润滑油是以连续、均匀的液体应用于接触区这一假设基础上的，而实际轧制过程中是以乳化液作为润滑剂，这些乳化液在辊缝区由于足够严重的乏油状况以至于非连续的程度远远高于弹性流体动力润滑理论的油膜厚度增长。

在混合润滑状态下，由于发生了表面微凸体的直接接触，因此不能忽略金属表面粗糙度对塑性变形区润滑状态的影响。1978 年日本学者 Akira Azushima[57] 对轧辊和带材表面粗糙度与油膜厚度之间的关系进行了研究，而且还建立了一个由轧辊和带材表面粗糙度计算油膜厚度的方法。Reid 和 Schey[58]、Sargent 和 Tsao[59] 等学者系统地研究了轧辊表面粗糙度的大小和方向对塑性加工过程的影响，他们的研究表明横向粗糙度有助于携带更多的润滑油进入变形区并形成润滑油池。

Tsao 和 Sargent[60] 采用 Wilson 和 Walowit[46] 的入口区分析方法，较早引入了冷轧混合润滑模型，对混合润滑状态下变形区入口处的油膜厚度进行了计算，并假定轧辊和带材的表面粗糙度呈高斯分布，同时假定粗糙表面的摩擦应力与真实接触面积成正比，变形区的单位压力通过塑性方程求解得出。该模型考虑了轧件的热效应和加工硬化，但没有考虑工件表面粗糙度的影响。

Sutcliffe 和 Johnson[61] 也提出了一个混合润滑模型，但是他们仅在轧制入口区考虑了表面的压扁，此外考察了粗糙度对变形区压力、微凸体接触变形等方面的影响，从不同的角度深化了变形区摩擦作用机制以及各种效应对润滑过程影响的认识，对于深入理解塑性加工混合润滑机制具有重要的指导意义。而后由 Sheu 和 Wilson[62] 将其发展为一个更为严密的模型，在分析中采用 Patir 和 Cheng 提出的平均流动模型，同时考虑整个变形区压扁影响的混合润滑模型，并采用入口区、过渡区和工作区来描述轧制过程，该模型适于轧制速度较高的情况，此时流体动压在入口区或过渡区建立起来，而工作区轧制压力对润滑剂流动的影响可忽略。

Wilson 和 Chang[63] 研究了低速轧制时的混合润滑，在他们最近的研究中，考虑了入口区内的油膜压力，而这个压力在之前的研究中被忽略了。研究结果表明在低速轧制的混合润滑中，在变形区内仍会存在较高的流体动压力，而此前认为低速轧制时的流体动压作用是可以忽略的，因此该研究为更好地理解轧制润滑指明了道路。随后 Wilson 和他的合作者对混合润滑进行了系统研究[64]，建立了计算变形区真实接触面积和边界摩擦的数学模型，考察了入口区三维粗糙表面形貌及塑性流动条件下，变形区微凸体的压扁、变形区热效应、润滑剂黏压效应以及轧制速度等因素对润滑过程的影响，获得了许多有指导意义的结论。

Chang、Marsault 和 Wilson[65]扩展了 Wilson 和 Chang[63]的工作，提出了很多简化假设来得到更为实用的模型，包括压黏性流体、允许摩擦峰的存在和在入口区建立压力，同时也保留了带材屈服应力不变、等温条件和纵向粗糙度分布等假设。

Qiu 等人[66]开发了一个混合润滑状态下的轧制模型，该模型考虑了带钢屈服应力随应变的变化关系，通过计算表明，如果屈服应力设为常数，则会使计算的峰值压力偏低和前滑值偏高。Lu[67]等人研究了入口区的混合润滑，他们建立的模型考虑了入口区内带钢的弹性变形，通过计算他们推断带钢的弹性变形会造成入口油膜厚度增加。以从机械传动系统发展的润滑理论为基础，结合塑性加工各种工况中摩擦区特殊的边界条件，深入研究润滑剂在塑性变形区的流动和成膜机理，建立相应的数学模型并求解，以获取规律性的结论，用于指导实践是塑性加工摩擦润滑理论研究的一个重要内容。

以上这些润滑理论模型的研究和建立为深入研究轧制过程摩擦润滑机制以及应用研究奠定了基础。按轧制时表面摩擦接触区润滑剂的数量，轧制界面上的摩擦可分为三种基本形式：干摩擦、边界摩擦和液体摩擦。介于这三种之间的摩擦分别为半干摩擦和半液体摩擦。

在摩擦体表面没有润滑剂或任何沾污物通称为干摩擦，即非润滑体摩擦。如果润滑油中有表面活性剂（如脂肪酸、醇及其衍生物）时，在金属表面就形成很薄（0.01 ~0.1μm）而牢固的油膜，这些物质的极性分子具有长链形状，它们垂直于金属表面排列成一定数量的密集层，边界油膜具有类似晶体的有序结构，其性质和通常润滑剂的性质有很大区别。液体摩擦即摩擦表面之间存在着较厚的润滑层，完全没有表面微凸体的直接咬合，是润滑层的内摩擦。混合摩擦包括半干摩擦和半液体摩擦，半干摩擦是干摩擦和边界摩擦的组合，半液体摩擦是液体摩擦和边界摩擦的组合。与界面间的摩擦状态相对应，则可以将润滑机制分为相应的类型。

对于冷轧润滑机理，前人已经进行了大量的研究。Wilson[68]在总结前人研究成果的基础上提出了四种基本润滑机制：厚膜润滑机制、薄膜润滑机制、混合润滑机制和边界润滑机制。其中厚膜润滑和薄膜润滑都属于流体润滑。因此，目前在国内外对于冷轧润滑机理的研究主要集中在边界润滑、混合润滑和流体润滑三个方面。

边界润滑主要是通过润滑剂中的表面活性物质在金属表面之间形成既易于剪切又能减小金属表面直接接触的边界润滑膜，该边界膜不是普通润滑油膜而是定向吸附膜，厚度通常在0.1μm以下，如图1-1所示。

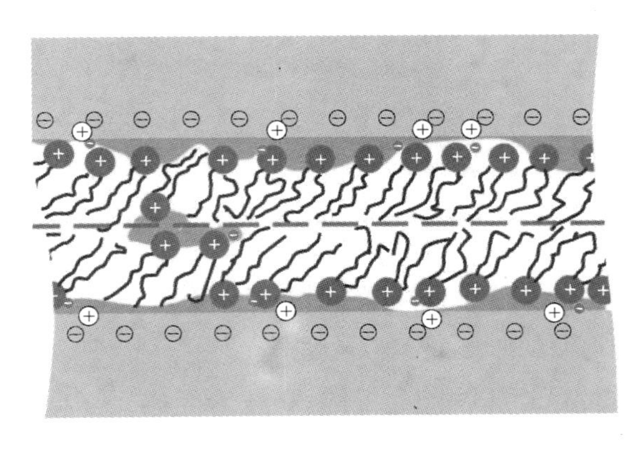

图1-1　边界润滑

对于边界润滑吸附膜的最早研究是由英国的Hardy进行的。他研究了润滑剂的结构对边界润滑摩擦系数的影响，润滑剂分子越长，摩擦系数越小，但当分子长度达到一定值时，这种影响就会消失。在工程上，通常在润滑剂中加入油性剂和极压剂，以保证润滑剂在较宽的温度范围内都可起到润滑作用。

根据Hardy的研究，边界润滑时，吸附膜可以减弱接触金属间的力场，从而使得摩擦系数降低。在接触金属的表面有一定的粗糙度，因此，表面凸峰处存在金属的直接接触，占总接触面积的小部分。表面塑性变形、轧件和轧辊表面的物理化学性质以及润滑剂中的活性物质，都会对边界润滑膜的形成造成影响。在乳化液中普遍加入了各种添加剂，如油性剂，用于提高润滑剂与金属表面形成吸附的能力，在金属表面形成物理吸附的油性剂分子膜；极压剂，通过与金属表面反应可以改善边界润滑状况，它在金属表面形成一层平滑的极压膜，该极压膜具有较低的剪切强度，是不易大面积擦伤的无机膜。

边界润滑在低载、弹性变形条件下可以用库仑摩擦定律来计算，但金属塑性加工中，由于重载加上工件的塑性变形，导致这个简单模型实际上是不准确的。由于极性分子的吸附作用，在金属表面间形成一层边界吸附膜，阻止了两金属表面的接触。然而，当发生塑性变形后，将有少数微凸体因接触压力过高而导致边界膜的破裂，发生金属直接接触，因此，Bowden 和 Tabor[69]考虑表面微凸体的接触变形，首先提出了吸附膜不连续的概念，摩擦力可看作是表面黏着部分与边界膜的剪切力之和。此时的摩擦力 F 应按下式计算，即：

$$F = A[m_c \tau_a + (1 - m_c)\tau_b] \tag{1-5}$$

式中 A——名义接触面积；

m_c——固体接触面积 A_m 在名义接触面积 A 中所占的百分数，$m_c = A_m/A$；

τ_a，τ_b——固体和流体的表面剪切强度。

式（1-5）在边界润滑的摩擦力计算中较为经典，一直沿用至今。边界润滑指相对运动的两个金属表面被极薄的润滑膜隔开，但润滑膜不能遵从流体动力润滑定律，且两表面之间的摩擦磨损不取决于润滑剂的黏度，而是取决于两表面的特性和润滑剂的性能。边界润滑特征可用以下特点来描述：

（1）两金属表面距离很近以至于在微凸体之间发生明显的接触；

（2）流体动压作用和润滑剂的整体流变性能对其影响很小以致可以忽略；

（3）薄层边界润滑剂与金属表面之间相互作用决定了其摩擦学特性；

（4）通过润滑剂中的表面活性物质与金属表面形成既易于剪切又能减小金属表面直接接触的边界润滑膜；

（5）摩擦系数较大，一般认为在 0.05 ~ 0.15 之间；

（6）具有微磨削的作用，具有较高的表面加工质量。

图 1-2 给出了用于流体润滑状态判断的 Streibeck 曲线，由图 1-2 可以看出，在其他条件不变的情况下，当油品本身的边界润滑性能提高时，系统的综合摩擦系数会降低。

影响边界润滑的因素主要有所使用的基础油和润滑添加剂的选择和复配。目前轧制油中广泛使用的基础油有矿物油、合成酯和天然油脂。不同的基础油具有不同的使用特性。同时与添加剂的复配性也不同。目前普遍认为乳化液在轧制过程中在辊缝区前油水分离，水起到冷却作用，最终在辊缝区起到润滑作用的是油，因此，纯油的边界润滑能力对轧制过程就显得尤为重要。

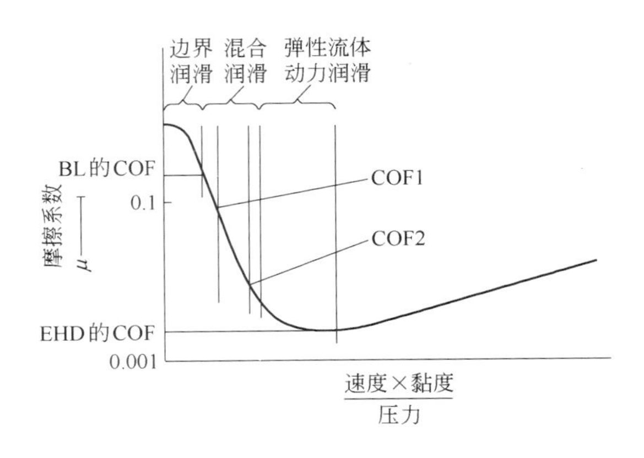

图 1-2 Streibeck 曲线

流体润滑的表现形式是两接触表面完全被润滑油膜隔开，油膜厚度远大于接触表面粗糙度，摩擦力来源于润滑剂分子运动的内摩擦。流体润滑的摩擦学特征取决于润滑剂的流变学，所以可按流体力学的方法进行有关计算。流体润滑时摩擦力可根据牛顿流体定律计算，即：

$$T = \eta \frac{\mathrm{d}v}{\mathrm{d}y} s \tag{1-6}$$

式中 η——润滑油黏度；

$\frac{\mathrm{d}v}{\mathrm{d}y}$——垂直于运动方向上的剪切速度梯度；

s——剪切面积。

在流体润滑状态下，由于两表面不发生实际接触，因此流体润滑过程不产生磨损。流体润滑的主要优点是摩擦系数小，而且取决于润滑剂自身的特征，其摩擦系数可低至 0.001 ~ 0.008，流体润滑状态如图 1-3 所示。但这并不意味着流体润滑过程具有无比的优越性，因而不总是必须尽可能实现。流

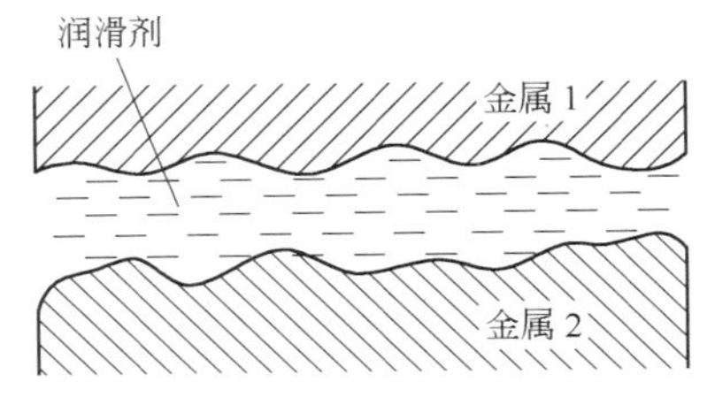

图 1-3 流体润滑

体润滑的主要缺点有：

（1）降低轧辊的咬入能力；

（2）由于摩擦力直接决定于滑动速度，使轧制过程变得不稳定，甚至会引起负前滑；

（3）当变形区存在很厚的隔离润滑层时，带钢表面质量变坏，粗糙度增加，而且表面显微起伏具有独特性质。

巴甫洛夫和格拉依曾详细研究过润滑剂对轧件表面状态的影响。他们发现，在无润滑的干轧辊上轧制后的轧件表面布满纵向划道和擦痕，这是轧辊直接作用的痕迹。而当用蓖麻油润滑轧辊时，轧件表面的纵向细纹消失，出现垂直于轧制方向的细沟纹，此现象是辊缝内有油的很好证明。润滑油充填于轧辊和轧件的“凹穴”处，可防止轧件被轧辊擦伤。此外，油均匀压入轧件的整个表面，随着轧制的进行压入加深。因此，轧件表面出现平行于辊身（即垂直于轧制方向）的细沟波纹。有实验表明，随着润滑油黏度的增加，轧件表面的粗糙度增大。这是由于随着润滑油黏度的增大，进入变形区的润滑剂数量增加，润滑层厚度的变化正是轧制带钢表面显微起伏变化的直接原因。在干轧辊上或煤油润滑条件下轧制的试件表面明亮，而用蓖麻油或机油做润滑剂轧制的试件表面发暗。这些都表明流体润滑状态对轧后表面质量有负面的影响。

混合润滑又称为部分流体润滑。当油膜的厚度不足以隔开相互运动的固体表面时，两相对运动固体之间的载荷一部分由润滑油膜承担，另一部分由接触中的表面微凸体承担。通常当油膜厚度小于轧辊与轧件综合粗糙度的3倍时，认为此时处于混合润滑状态。边界润滑和弹性流体动力润滑同时存在，摩擦力的大小不仅取决于边界润滑和弹性流体动力润滑的润滑效果，同时还取决于两者在摩擦过程中所占的比例。

为了降低摩擦系数，可以采用多种方式，比如选择合适的基础油和添加剂，使边界润滑和弹性流体动力润滑的摩擦系数降低，从而在两者比例不变的条件下，将系统的整体摩擦系数降低；另一种方法是在边界润滑和弹性流体动力润滑摩擦系数不变的条件下，增加弹性流体动力润滑在混合润滑中所占的比例。弹性流体动力润滑在混合润滑过程中所占的比例，取决于弹性流体动力润滑油膜的厚度和两相互接触固体表面的综合表面粗糙度。轧制过程本身处于混合润滑状态下，为了降低轧制过程中的摩擦，除了提高乳化液本身的边界润滑和弹性流体动力润滑能力外，如何控制弹性流体动力润滑和边界润滑的比例，也是至关重要的。当润滑液本身的边界润滑和弹性流体动力润滑能力一定时，弹性流体动力润滑的比例增加，摩擦减小。

但应看到，一些有关混合润滑的实验大多在温和的工况下进行，理论模型的正确性受到怀疑。因此，应该充分考虑润滑油和接触表面的物理本质对流体的压力和表面微峰接触的影响来开发模型。近年来，光干涉测量技术的发展，使得纳米量级的油膜厚度测量不再是问题，但将这些技术移植到混合弹流润滑研究方面仍有很多工作要做[54]。

1.3 本研究的背景、目的和意义

冷轧技术发展到当今时代，带钢的表面质量越来越受到高度关注，用户对产品质量的要求也在不断提高。随着冷连轧技术的发展，带钢轧制的高速化已成为现代化冷连轧机发展的一大趋势。伴随着轧制速度的提高，轧制变形区的温度、摩擦条件、前滑等情况变得十分复杂，在冷轧带钢表面很容易产生与工艺润滑密切相关的划痕、热滑伤等质量缺陷，大大降低了产品的质量及市场竞争力。为了获得良好的板形质量，需要严格控制轧辊的温度和热凸度。而轧制过程中轧件的变形热、轧件与轧辊接触产生的摩擦热以及工艺冷却和润滑制度，都会使轧辊的温度发生改变，进而影响到轧辊的凸度和带钢的板形，因此，准确地计算轧制过程中产生的热量是关键。与此同时，带钢表面温度、润滑油膜厚度以及摩擦系数等参数之间是相互联系、互相影响的。随着带钢表面温度的变化，润滑油的黏度也会随之改变，从而影响油膜厚度和摩擦系数，而随着摩擦系数的改变，又会影响轧制功率，进而影响带钢的温度。影响板形的因素，除了辊系弹性变形、轧辊的磨损外，轧辊的热变形是另一个十分重要的影响因素，它会直接导致轧辊的凸度变化，从而影响带钢的平直度。工作辊热变形的有效控制是降低轧辊损耗、控制板形、提高成材率的有效措施。但是在板带钢轧制过程中，轧辊热变形的预测精度不高一直是困扰现场生产的难题。轧件在辊缝内的塑性变形功、轧件与轧辊之间的摩擦热与轧制的工艺参数有重要关系，不同条件下的轧制将带来不同的轧辊冷却问题，应针对不同的轧机特性实行不同的冷却方法。因此，带钢温度及轧辊温度场的研究具有重要的现实意义。

工艺冷却和润滑是冷轧工艺的重要组成部分，它是带钢冷轧过程的关键技术，在轧制过程中起着重要的作用。冷轧过程中通过对轧辊和带钢的冷却来控制带钢的板形，提高轧辊的寿命。同时轧辊温度过高还会使冷轧润滑剂失效，油膜破裂，影响冷轧过程的正常进行。冷轧过程中的润滑可以起到提高带钢表面质量、降低轧制功率消耗、延长轧辊寿命等作用。循环的乳化液不仅能带走摩擦热及变形热，而且还能冲走轧辊及带钢表面上的金属粉尘，使带钢表面具有低的表面粗糙度，良好的润滑性和冷却性，是能否实现轧机高速轧制的关键。

目前尽管国内冷轧生产已经具有非常大的产能，并可以稳定生产大部分的冷轧产品，但对轧制过程中的润滑问题一直都没有特别清晰的认识，对轧制润滑机理的研究更是处于一个较低的水平之上。随着国内冷轧产品的高端化，尤其是在轧制高端产品（如不锈钢板）时，冷轧润滑的作用日益显著，而润滑的问题也成为厂家提高产品质量、提高轧制速度的一个关键问题。

工艺润滑是冷轧生产中的关键技术，直接影响轧后带钢的板形和表面质量，目前日益引起生产厂家的重视与关注。由于工艺润滑涉及材料、机械、控制等多个领域，现场条件纷繁复杂，在现场生产中还有许多与润滑有关的问题没有得到很好解决，为了从根本上解决这些问题就必须对润滑机理进行深入系统的研究。在实际冷轧生产过程中，润滑状态主要是处于混合润滑机制之下，因此，本研究拟在总结国内外冷轧润滑相关理论的基础上，考虑表面粗糙度和表面微凸体压平对润滑状态的影响，通过理论与实践相结合的方法，建立新的混合润滑数学模型，从理论和实践上比较完整地描述冷轧过程中的润滑行为，找到利用轧制实验来评价润滑油性能的指标，为冷轧工艺制度的制定和轧制油的选择与使用奠定理论基础。

1.4 本研究的主要内容

（1）通过对冷轧过程中变形区内轧件塑性变形热、轧件与轧辊间的摩擦热以及带钢与轧辊热量的分配进行分析，建立冷轧带钢的变形热模型、轧制过程中的摩擦热模型以及轧件与轧辊之间热量分配模型，在综合考虑上述模型的基础上，建立轧制变形区内带钢温度的计算模型。开发冷轧带钢温度计算软件，并对冷轧过程中带钢温度的主要影响因素进行分析。

（2）对每个机架轧制过程中热能的传输过程进行分析，利用 ANSYS 商业软件这个平台，开发轧辊温度场计算软件，给出连轧机组每个机架带钢和轧辊的温度场，对轧辊温度场的主要影响因素进行分析。通过实验室轧制实验和从现场搜集的轧制实验数据，对所开发的模拟计算软件进行验证。

（3）对乳化液供给参数（喷射距离、喷射压力、水流密度、乳化液温度等）及轧辊和带钢之间热阻（表面粗糙度、接触压力、润滑油膜等）对传热系数的影响规律进行研究，进而给出合适的乳化液的热交换能力，对每个机架的冷却能力进行计算，为乳化液流量的设计与控制提供理论依据。

（4）对乳化液性能参数（浓度、黏度等）及轧制过程工艺参数（原料条件、轧制速度、变形程度、轧辊及带钢的表面粗糙度等）对轧制过程中油膜形成及润滑机制的影响规律进行研究，为润滑油的选择、合理使用和轧机的设计提供理论依据。

（5）在国内外相关油膜厚度模型的基础上，建立入口区最小油膜厚度模型；在实验室进行冷轧润滑实验，利用实验研究结果建立油膜厚度与摩擦系数关系模型，并对影响最小油膜厚度的主要因素进行分析。

（6）通过借鉴国内外以往工作，对实际轧制过程进行简化和抽象，建立混合润滑数学模型，采用 C^{++} 语言开发数值模拟软件，在实验室冷轧机上进行轧制实验，验证理论结果，根据理论和实验结果，分析轧制工艺参数对润滑状态的影响规律，为现场乳化液的使用提供参考。

2 冷轧带钢温度模拟计算

2.1 冷轧变形区内带钢温度计算模型

轧制过程中由于轧制变形区的摩擦热和轧件所吸收的变形热将引起轧件的温度升高。这种温升的影响是不可忽略的，首先由于这种机械功引起的温度升高会造成材料软化，另外变形热本身又受到应变、应变速率及温度的影响。关于轧件温升模型曾有不少文献对其进行过研究。

轧件变形热和摩擦热是引起轧件温度升高的两个主要因素，对轧制变形区摩擦热的计算较多的是采用全滑动摩擦模型（库仑摩擦模型）或全黏着摩擦模型（纯剪切摩擦模型），而实际轧制时轧辊与轧件接触表面一般是混合摩擦，既有滑动区又有黏着区。全滑动和全黏着只不过是混合摩擦的两种极端情况。本章中采用预位移-滑动摩擦模型计算轧制变形区摩擦热，并综合考虑轧件塑性变形热，推导轧件温升计算公式。

冷轧带钢在轧制过程中的温度变化主要由三个部分组成，即由于塑性变形所产生的变形温升，与轧辊相对滑动而产生的摩擦温升以及与轧辊接触而产生的热损失而造成的温降。下面分别对这三部分进行计算。

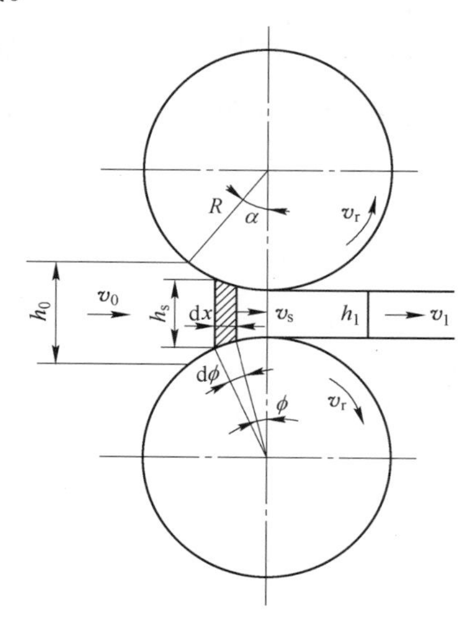

图 2-1　轧制的几何模型

2.1.1 轧件的变形功模型

轧件处于轧制状态时，变形功大部分转化为热能即变形热。变形热的产生必然使轧件的温度发生改变。根据图 2-1 所示的轧制几何模型，单位体积的塑性变形功

W_p 由二维平面变形抗力 $K(\phi)$ 以下式表示[11]：

$$W_p = \int_0^{\varepsilon} K(\phi)\mathrm{d}\varepsilon \tag{2-1}$$

轧件的对数应变 ε 为：

$$\varepsilon = \ln\left(\frac{h_s}{h_1}\right) = \ln\left[\frac{h_1 + 2R(1 - \cos\phi)}{h_1}\right] \approx \ln\left(\frac{h_1 + R\phi^2}{h_1}\right) \tag{2-2}$$

将式（2-2）代入式（2-1）可得：

$$W_p = \int_0^{\alpha} \frac{2RK(\phi)\sin\phi}{h_1 + 2R(1 - \cos\phi)}\mathrm{d}\phi \approx \int_0^{\alpha} \frac{2RK(\phi)\phi}{h_1 + R\phi^2}\mathrm{d}\phi \tag{2-3}$$

式中 R——轧辊半径，mm；

h_s——变形区内任意位置带钢的厚度，mm；

h_1——带钢出口厚度，mm；

ϕ——变形区任意位置对应的轧辊出口角度，rad；

α——咬入角，rad；

$K(\phi)$——平面变形抗力，MPa。

由变形功转化的热量为：

$$Q_F = \eta W_p \tag{2-4}$$

式中 η——热转换效率，取0.8~0.9。

作为塑性变形功，以上只考虑了有效功。虽然还应考虑其他功（剪切功），但在薄板的轧制过程中，其余功与有效功相比非常小，可以忽略不计。

2.1.2 接触表面的摩擦热模型

预位移原理认为，两个相互压紧的物体在做宏观相对滑动之前就产生了一定的微观相对位移，此位移称为预位移或初始位移。当此位移达到接触物体间的极限预位移时，物体间就开始做相对滑动，产生滑动的区域称为滑动区，相对位移小于极限预位移的预位移区域称为停滞区或黏着区[70]。根据此原理，预位移-滑动摩擦模型认为：轧辊与轧件间的接触面可分为滑动摩擦区和变形停滞区两个区域，滑动区位于入口区和出口区，停滞区则位于中性面的附近两侧。在滑动区，接触表面摩擦力按库仑摩擦定律计算，在停滞区摩擦力按预位移原理来确定。在变形区中性面附近的停滞区，金属相对轧辊表面的位移在中性面处为零，离开中性面逐渐增大，到与滑动区交界处达到产生滑动摩擦的极限预位移[71]。

文献［72］中对预位移-滑动摩擦模型作了详细的介绍，并给出了建立在三维轧制理论基础上的轧制变形区纵向、横向摩擦应力计算公式，文献［73］和［74］分别给出了停滞区长度的理论和经验计算方法。轧制变形区如图 2-2 所示，它包括入、出口弹性区和塑性区。其中塑性区包括中性面附近的停滞区和中性面以外的滑动区。在入、出口弹性区全部为滑动摩擦。

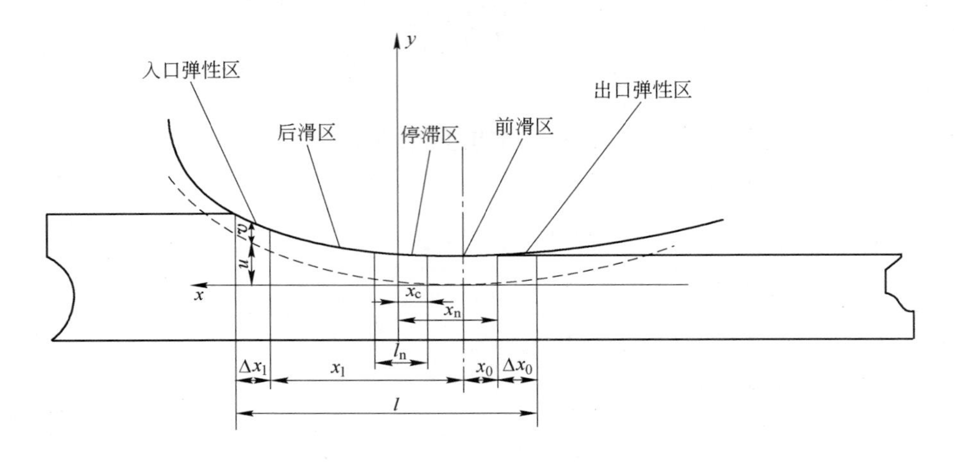

图 2-2 轧制变形区示意图

l_n—停滞区长度；x_n—中性面到出口的距离；Δx_0 —出口弹性区长度；

Δx_1 —入口弹性区长度；l—轧制变形区接触弧长的水平投影

滑动区（包括弹性区和塑性区的滑动区）单位摩擦力按库仑定律计算，则有：

$$f(x) = \mu p_x \tag{2-5}$$

式中 μ ——纵向摩擦系数，$\mu = \min(\mu_x, k_s/p)$；

μ_x ——接触摩擦系数；

k_s ——金属的剪切变形抗力，MPa，$k_s = 0.577\sigma_s$；

p_x ——轧辊与轧件接触的单位压力，MPa。

在停滞区摩擦力与相对位移（预位移）近似呈线性关系，此时的单位摩擦力为：

$$f(x) = (|V_{sx}|/[W])f_c \tag{2-6}$$

式中 f_c——滑动区与停滞区交界处纵向摩擦力；
$|V_{sx}|$——金属相对辊面的纵向切向位移；
$[W]$——极限预位移。

对式（2-6）进行简化可得：

$$f(x) = (2x/l_n)f_c = (2x/l_n)\mu p_c \tag{2-7}$$

式中 p_c——停滞区与滑动区交界处的单位压力，MPa。

2.1.2.1 单位压力的计算

A 出口弹性变形区单位压力

根据文献［76］可知，出口弹性变形区的单位压力分布可以表示为：

$$p_x = p_1 \frac{[Bx - (1 - B\Delta x_0)(e^{Bx} - 1)]}{1 - (1 - B\Delta x_0)e^{B\Delta x_0}} \tag{2-8}$$

$$B = \frac{2\mu\nu}{(1-\nu)h_1} \tag{2-9}$$

出口弹性区开始进入塑性区处的压力 p_1 的表达式为：

$$p_1 = (k_1 - \sigma_1)\left\{1 + \frac{2(1-\nu)\psi}{\nu\left[1 - \frac{2(1-2\nu)\psi}{\nu}\right]}\right\} \tag{2-10}$$

$$\psi = \frac{1}{2} - \frac{1 - B\Delta x_0}{B^2\Delta x_0^2}(e^{B\Delta x_0} - B\Delta x_0 - 1) \tag{2-11}$$

式中 k_1——该变形条件下的流动极限 σ_{s1} 的 1.15 倍，即 $k_1 = 1.15\sigma_{s1}$；
σ_1——出口前张应力；
ν——轧件的泊松比。

B 入口弹性变形区单位压力

同理，入口弹性变形区的单位压力分布为：

$$p_x = p_0 \frac{B_0x - (1 - B_0l - B_0\Delta x_1)(e^{B_0x} - 1)}{1 - B_0l - (1 - B_0l - B_0\Delta x_1)e^{B_0\Delta x_1}} \tag{2-12}$$

$$B_0 = \frac{2\nu\mu}{(1-\nu)h_0} \tag{2-13}$$

入口弹性区开始进入塑性区处的压力 p_0 的表达式为：

$$p_0 = (k_0 - \sigma_0)\left\{1 + \frac{2(1-\nu)\psi_0}{\nu\left[1 - \frac{2(1-2\nu)\psi_0}{\nu}\right]}\right\} \tag{2-14}$$

$$\psi_0 = \frac{1 - B_0 l - (1 - B_0 l - B_0\Delta x_1)e^{B_0\Delta x_1}}{B_0\Delta x_1(2B_0 l + B_0\Delta x_1)} - 0.5 \tag{2-15}$$

式中 k_0 ——该变形条件下的流动极限 σ_{s0} 的 1.15 倍，即 $k_0 = 1.15\sigma_{s0}$；

σ_0 ——入口后张应力；

h_0 ——带钢入口的厚度。

C 塑性变形区单位压力

塑性变形区分为前滑区、停滞区和后滑区，其单位压力分布为：

前滑区：

$$p_x = p_1\exp\left[\frac{2\mu(x + x_n)}{h_y}\right] \qquad -x_n \leqslant x \leqslant -0.5l_n \tag{2-16}$$

后滑区：

$$p_x = p_0\exp\left[\frac{2\mu(l - x - x_n)}{h_y}\right] \qquad 0.5l_n \leqslant x \leqslant l - x_n \tag{2-17}$$

停滞区：

$$p_x = \sqrt{p_0 p_1}\exp\left[\frac{2\mu(l - l_n)}{h_y}\right][1 + \mu l_n/(2h_y) - 2\mu x^2/(h_y l_n)] \qquad -0.5l_n \leqslant x \leqslant 0.5l_n \tag{2-18}$$

式中 x_n ——中性面到出口的距离。

为了简化计算，塑性变形区的平均厚度按积分来计算，即：

$$h_y = \frac{1}{l}\int_0^l\left(h_1 + \frac{\Delta h}{l^2}x^2\right)dx = h_1 + \frac{\Delta h}{3} \tag{2-19}$$

经分段积分得塑性变形区的平均单位压力为：

$$p_{cpn} = \frac{1}{m}\left(\sqrt{p_0 p_1}\ e^m - \frac{p_1 + p_0}{2}\right) \tag{2-20}$$

其中

$$m = \frac{\mu l}{h_y}$$

2.1.2.2 接触区长度的计算

A 塑性变形区长度

轧辊弹性压扁后轮廓曲线的坐标 y 可表示为：

$$y = u + v \tag{2-21}$$

式中 u——轧辊压扁前轮廓曲线的坐标，即圆弧曲线的坐标；

v——弹性压扁后轧辊表面的位移。

由于坐标原点取在塑性变形区的中点，故圆弧曲线的坐标为：

$$u = R - \sqrt{R^2 - (x - x_c)^2} \tag{2-22}$$

式中 R——工作辊半径，mm；

x_c——轧辊中心连线到坐标原点的距离，mm。

对上式按泰勒级数展开，忽略最小项，近似得到：

$$u = \frac{1}{2R}(x - x_c)^2 \tag{2-23}$$

所以

$$y = \frac{1}{2R}(x - x_c)^2 + v \tag{2-24}$$

轧辊弹性压扁后塑性区的总长度等于轧辊中心连线到塑性区入口的距离 x_1 和中心连线到塑性区出口的距离 x_0 之和，即：

$$l = x_1 + x_0 \tag{2-25}$$

由于轧辊弹性压扁后轮廓曲线的最低点为塑性区和出口弹性区的交界，故 x_0 的数值由第一边界条件确定：

$$\left(\frac{\partial y}{\partial x}\right)_{x=b} = \frac{1}{R}(b - x_c) + \left(\frac{\partial v}{\partial x}\right)_{x=b} = 0 \tag{2-26}$$

式中 b——塑性区总长度 l 的一半。

故由第一边界条件得：

$$x_0 = b - x_0 = -R\left(\frac{\partial v}{\partial x}\right)_{x=b} \tag{2-27}$$

在轧件对轧辊的压力作用下，轧辊表面的位移导数可采用理论力学公式计算，即：

$$\frac{\partial v}{\partial x} = -2\theta\int_{-b-\Delta x_1}^{b+\Delta x_0} \frac{p(\xi)\,\mathrm{d}\xi}{x-\xi} \tag{2-28}$$

$$\theta = \frac{1-\nu_0^2}{\pi E_0} \tag{2-29}$$

式中 $p(\xi)$ ——轧件对轧辊的压力；

ξ ——单位压力的横坐标。

轧制压力可以分为三个区域，即出口弹性区、塑性区和入口弹性区的压力，在压力的作用下，轧辊表面的位移导数可以写成三个区域轧辊表面的位移导数之和，即：

$$\left(\frac{\partial v}{\partial x}\right)_{x=b} = \left(\frac{\partial v_1}{\partial x}\right)_{x=b} + \left(\frac{\partial v_n}{\partial x}\right)_{x=b} + \left(\frac{\partial v_0}{\partial x}\right)_{x=b} \tag{2-30}$$

利用式（2-28）分别计算每个区域压力引起的位移导数后代入到式(2-30)，即可得到 x_0 的一般计算式：

$$x_0 = 2R\theta\left[p_1\left(\ln\frac{l}{\Delta x_0} + \eta - 1\right) + p_0 + p_{\mathrm{kcp}}a_{\mathrm{k}}\right] \tag{2-31}$$

$$p_{\mathrm{kcp}} = p_{\mathrm{m}} - \frac{p_0 + p_1}{2} \tag{2-32}$$

$$\eta = B\Delta x_0 + \frac{(1-B\Delta x_0)\mathrm{e}^{B\Delta x_0}}{1-(1-B\Delta x_0)\mathrm{e}^{B\Delta x_0}}\left(\frac{B^2\Delta x_0^2}{2\cdot 2!} - \frac{B^3\Delta x_0^3}{3\cdot 3!} + \frac{B^4\Delta x_0^4}{4\cdot 4!} - \cdots\right) \tag{2-33}$$

同理，从轧辊中心连线至塑性区入口的距离 x_1 可由下式给出：

$$x_1 = \sqrt{R\Delta h + x_0^2 + 2R\Delta v} \tag{2-34}$$

故塑性变形区的总长度为：

$$l = \sqrt{R\Delta h + x_0^2 + 2R\Delta v} + x_0 \tag{2-35}$$

其中 $\Delta v = v_{x=a} - v_{x=-a}$，若载荷对称，则 $\Delta v = 0$，式（2-35）简化为：

$$l = \sqrt{R\Delta h + x_0^2} + x_0 \tag{2-36}$$

B 弹性变形区长度

出口弹性变形区长度 Δx_0 的数值由第三边界条件确定：

$$y_{x=b+\Delta x_0} - y_{x=b} = \frac{\Delta r_1}{2} \tag{2-37}$$

将式（2-24）代入到式（2-37）的边界条件中，整理后得：

$$\Delta x_0 = \sqrt{R\Delta r_1 + x_0^2 + 2R\Delta v'} - x_0 \tag{2-38}$$

其中 $\Delta v' = v_{x=b} - v_{x=b+\Delta x_0}$，若载荷不对称，则 $\Delta v'$ 为：

$$\Delta v' = \frac{x_0 \Delta x_0}{R}\left(1 + \frac{\Delta x_0}{l}\right) \tag{2-39}$$

出口弹性区的弹复变形量可按下式计算：

$$\Delta r_1 = \frac{(1-\nu^2)(k_1 - \sigma_1)h_1}{E(1-\nu_1\psi)} \tag{2-40}$$

将式（2-39）和式（2-40）代入式（2-38）中，则有：

$$\Delta x_0 = \sqrt{\frac{R(1-\nu^2)(k_1-\sigma_1)h_1}{E(1-\nu_1\psi)\left(1-\dfrac{2x_0}{l}\right)}} \tag{2-41}$$

同理可得入口弹性变形区长度 Δx_1 为：

$$\Delta x_1 = \sqrt{l^2 + \frac{R(1-\nu^2)(k_0-\sigma_0)h_0}{E(1-\nu_1\psi_0)\left(1-\dfrac{2x_0}{l}\right)}} - l \tag{2-42}$$

将 $x_0 = \dfrac{l^2 - l_0^2}{2l}$ 和不考虑弹性压扁时的塑性区长度 $l_0 = \sqrt{R\Delta h}$ 代入式(2-41)和式（2-42）进行整理可得到：

$$\Delta x_0 = \frac{\xi_1 l}{\sqrt{1-\nu_1\psi}} \tag{2-43}$$

$$\Delta x_1 = \sqrt{l^2 + \frac{\xi_0^2 l^2}{1-\nu_1\psi_0}} - l \tag{2-44}$$

其中

$$\xi_1 = \sqrt{\frac{(1-\nu^2)(k_1-\sigma_1)h_1}{E\Delta h}} \tag{2-45}$$

$$\xi_0 = \sqrt{\frac{(1-\nu^2)(k_0-\sigma_0)h_0}{E\Delta h}} \tag{2-46}$$

$$\nu_1 = \frac{2(1-2\nu)}{\nu} \tag{2-47}$$

$$\psi = \frac{1}{2} - \frac{1 - B\Delta x_0}{B^2 \Delta x_0^2}(e^{B\Delta x_0} - B\Delta x_0 - 1) \tag{2-48}$$

$$\psi_0 = \frac{1 - B_0 l - (1 - B_0 l - B_0 \Delta x_1) e^{B_0 \Delta x_1}}{B_0 \Delta x_1 (2B_0 l + B_0 \Delta x_1)} - 0.5 \tag{2-49}$$

$$B = \frac{2\mu\nu}{(1-\nu)h_1} \qquad B_0 = \frac{2\mu\nu}{(1-\nu)h_0} \tag{2-50}$$

变形区长度为:

$$l = \frac{h_y}{\mu} m \tag{2-51}$$

其中

$$m = \sqrt{m_0^2 + m_a k_{np} \varphi_m (3e^m - m - 3)} \tag{2-52}$$

$$k_{np} = \sqrt{(k_y - \sigma_0)(k_y - \sigma_1)} \tag{2-53}$$

$$\varphi_m = \frac{\sqrt{(1+2\psi)\left(1 + \frac{\nu_2 \psi_0}{1 - \nu_1 \psi_0}\right)}}{2\xi_1 + \sqrt{1 - \nu_1 \psi}} \tag{2-54}$$

$$m_0 = \frac{\mu l_0}{h_y} \qquad m_a = \frac{\mu a}{h_y} \qquad a = \frac{2(1-\nu_0^2)R}{E_0} \qquad \nu_2 = \frac{2(1-\nu)}{\nu} \tag{2-55}$$

由 $l = l_0$ 即不考虑轧辊弹性压扁时的塑性区长度作为初值开始迭代计算，由于 ψ 为 Δx_0 的函数，ψ_0 为 Δx_1 的函数，预先设定迭代精度，可求解出 Δx_0、Δx_1 的值，由 Δx_0、Δx_1 值迭代计算 m，所得 m 值由 $l = mh_y/\mu$ 计算出塑性变形区长度 l，最后由 l 再次求出 Δx_0 和 Δx_1。弹性变形区与塑性变形区长度的计算流程如图 2-3 所示。

C 停滞区长度

为简化计算，停滞区长度 l_n 按下式计算[74]：

$$l_n = \frac{2fp_{cpn}/\sigma_m}{0.75 - (fp_{cpn}/\sigma_m)^2} h_m \tag{2-56}$$

式中 h_m——停滞区的平均厚度，mm；

σ_m——停滞区内轧件的平均变形抗力，MPa；

f——条件摩擦系数，$f = \mu - \alpha/2$。

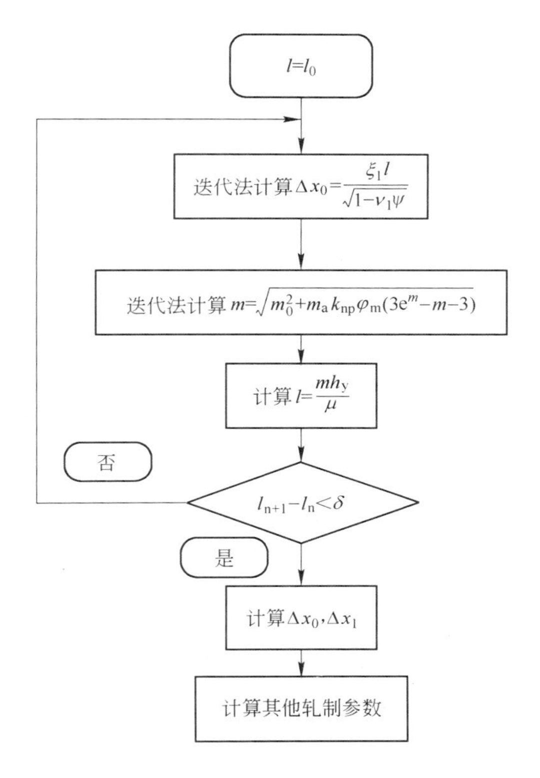

图 2-3　弹性变形区与塑性变形区长度的计算流程

2.1.2.3　摩擦热的计算

忽略轧件的宽展和轧制变形区横向摩擦力，在轧制过程中因轧辊与轧件间的摩擦而产生的单位时间单位接触面积上的摩擦功率 $\dot{W}_f$ 可由下式表示：

$$\dot{W}_f = f(x) v_s \tag{2-57}$$

式中　$f(x)$——轧制变形区各区段摩擦力；

v_s——轧件与轧辊相对滑动速度的绝对值。

对式（2-57）积分可得轧制过程中单位宽度上的摩擦功 W_f 为：

$$W_f = \int_0^{t_r} \dot{W}_f \mathrm{d}t = \int_0^{t_r} f(x) v_s \mathrm{d}t \tag{2-58}$$

由秒流量相等原则得：

$$v_x = \frac{\mathrm{d}x}{\mathrm{d}t} = \frac{v_1 h_1}{h_x} \tag{2-59}$$

$$h_x = h_1 + (h_0 - h_1)\left(\frac{x}{L} - 1\right)^2 \tag{2-60}$$

$$v_1 = (1 + s_h) v_r \tag{2-61}$$

$$s_h = \left(1 - \frac{h_1}{2R}\right)\frac{\Delta h}{h_0}\left[1 - \frac{1}{2\mu}\left(\frac{\sqrt{\Delta h}}{R} - \frac{T_1 - T_0}{P}\right)\right]^2 \tag{2-62}$$

于是可以得出：

$$W_f = \int_0^{t_r} \dot{W}_f \mathrm{d}t = \int_0^L \frac{f(x) v_s}{v_x} \mathrm{d}x \tag{2-63}$$

式中 v_1——轧件出口速度；

t_r——轧辊与轧件接触时间；

v_x——变形区内轧件速度分布；

h_x——变形区内轧件厚度分布；

s_h——前滑系数；

Δh——压下量；

v_r——轧辊表面圆周速度；

L——变形区总长度，$L = l + \Delta x_0 + \Delta x_1$；

T_1，T_0，P——前、后总张力与总轧制力。

在不考虑变形金属的横向流动时，在变形区内，轧件表面与轧辊表面间的相对速度分布可用下式表示[71,73]：

$$v_s = \left| v_x \sqrt{1 + \frac{h_x'^2}{4}} - v_r \right| \tag{2-64}$$

$$W_f = \int_0^{t_r} \dot{W}_f \mathrm{d}t = \int_0^L \frac{f(x)\left| v_x \sqrt{1 + \frac{h_x'^2}{4}} - v_r \right|}{v_x} \mathrm{d}x \tag{2-65}$$

轧辊与轧件接触面单位摩擦力表达式如下。

弹性区：

对于入口弹性区，将式（2-12）代入式（2-5）得入口弹性变形区的单位摩擦力为：

$$f(x) = \mu p_0 \frac{B_0 x - (1 - B_0 l - B_0 \Delta x_1)(e^{B_0 x} - 1)}{1 - B_0 l - (1 - B_0 l - B_0 \Delta x_1) e^{B_0 \Delta x_1}} \quad 0 \leqslant x \leqslant \Delta x_1 \quad (2\text{-}66)$$

对于出口弹性区，将式（2-8）代入式（2-5）得出口弹性变形区的单位摩擦力为：

$$f(x) = \mu p_1 \frac{[Bx - (1 - B\Delta x_0)(e^{Bx} - 1)]}{1 - (1 - B\Delta x_0) e^{B\Delta x_0}} \quad 0 \leqslant x \leqslant \Delta x_0 \quad (2\text{-}67)$$

前滑区：

$$f(x) = \mu p_1 \exp\left[\frac{2\mu(x + x_n)}{h_y}\right] \quad -x_n \leqslant x \leqslant -0.5 l_n \quad (2\text{-}68)$$

后滑区：

$$f(x) = \mu p_0 \exp\left[\frac{2\mu(l - x - x_n)}{h_y}\right] \quad 0.5 l_n \leqslant x \leqslant l - x_n \quad (2\text{-}69)$$

停滞区：

$$f(x) = \mu \sqrt{p_0 p_1} \exp\left[\frac{2\mu(l - l_n)}{h_y}\right][1 + \mu l_n/(2h_y) - 2\mu x^2/(h_y l_n)]$$

$$-0.5 l_n \leqslant x \leqslant 0.5 l_n \quad (2\text{-}70)$$

对式（2-65）在各区段进行积分就可以求出整个轧制过程中单位宽度上的摩擦功。

摩擦热可以由下式求出：

$$Q_f = W_f / J \quad (2\text{-}71)$$

2.1.3 轧件与轧辊之间的热量分配

冷轧过程中的热源主要是轧制变形区的摩擦热和轧件在塑性变形过程中的变形热。曾有不少文献对轧辊温升模型进行过研究，一般认为产生的热量按照一定比例在轧件和轧辊间进行分配。这对于轧辊的温度场尚未稳定建立的过渡过程并不合适。为此认为变形热直接作用于轧件，使带钢的温度发生一定变化，而摩擦热作为轧件和轧辊接触面上的独立热源按照热传导规律在轧件和轧辊之间进行热分配。带钢的温度越高，则传入轧辊的摩擦热就越多；相反，当轧辊表面的温度升高时，传入轧辊的摩擦热将减少，从而使传入轧辊的热量比例根据轧件与轧辊表面温度的变化而变化。这显然比以往按照固定比例分配热量更加接近实际。

首先来计算变形热给轧件带来的温度变化。如果轧制变形区轧件的体积为 V，由变形热引起的轧件温度变化量为：

$$\Delta T_{st} = \frac{Q_F}{c\rho V} \tag{2-72}$$

式中 c——轧材比热容，J/(kg · ℃)；

ρ——轧材的密度，g/mm³；

V——轧制变形区轧件的体积，mm³。

由轧制变形区传入到轧辊的热量可以表示为：

$$Q_{out} = \frac{Q_f(T_{s0} - T_{st0} - \Delta T_{st})}{2T_{s0} - T_{st0} - T_{r0} - \Delta T_{st}} \tag{2-73}$$

式中 T_{s0}——摩擦热等效独立热源的温度，℃；

T_{st0}——轧件轧制前的温度，℃；

ΔT_{st}——变形热给轧件带来的温升，℃；

T_{r0}——轧辊表面温度，℃。

2.1.4 冷轧过程变形区内带钢温度计算

在冷轧条件下，由于轧件的温度较低，再加上轧辊与轧件的接触时间非常短，因此轧件与轧辊间的接触传热远小于变形热和摩擦热引起的轧件温度变化值，所以可以忽略轧件与轧辊间的接触热损失。另外，由于轧件较薄且温度较低，这样也可以忽略轧件厚度方向上的温度变化。根据上述计算，轧件在轧制过程中所产生的总热量为：

$$\Delta Q = Q_F + Q_f - Q_{out} \tag{2-74}$$

轧制变形区体积为 V，比热容为 c，密度为 ρ，则可计算出整个轧制过程中温度变化为：

$$\Delta T = \frac{\Delta Q}{c\rho} \tag{2-75}$$

将上述相关各式代入式（2-75）即可得到变形区内带钢温度的变化值。

2.1.5 冷轧过程机架间带钢温度计算

在高速冷连轧过程中，轧制变形区带钢的表面温度、油膜温度、摩擦系数等对带钢的表面质量产生重要的影响，与划痕、热滑伤等表面缺陷密切相关。同时，它们之间也是互相联系和相互影响的。例如，随着带钢表面温度的升高，润滑油膜温度也随之升高，从而使得润滑油的黏度降低，油膜厚度减小，摩擦系数增大；而随着摩擦系数的增加，轧制功率变大，发热量也随之增大，又进一步影响带钢的表面温度。这样，要控制高速冷连轧过程中带钢的表面质量，必须研究轧制变形区的温度与摩擦问题。为此，本节将通过大量的现场实验与理论研究，结合高速冷连轧过程的生产工艺特点，分别建立起适合高速冷连轧的带钢表面温度模型、油膜温度模型、摩擦系数模型，并在此基础上重点分析工艺润滑制度对综合摩擦系数的影响，为带钢表面质量的控制奠定基础。

W. L. Roberts 对高速冷轧过程中带钢的平均温度进行了推导，并假设摩擦能量平均分配于带钢和轧辊之间，在分析中如忽略带钢张力的作用，则带钢在经受压下率为 ε 以后在轧机出口的温度 $T_{出}$ 可用下式求出：

$$T_{出} = T_{入} + \frac{1-(\varepsilon/4)}{1-(\varepsilon/2)} \frac{K\ln\left(\frac{1}{1-\varepsilon}\right)}{\rho c J} \tag{2-76}$$

式中 $T_{入}$——辊缝入口处带材的温度；

ρ——带材密度，对于钢材 $\rho = 7800\text{kg/m}^3$；

c——带材的比热容，对于钢材可以取 $c = 470\text{J/(kg·℃)}$；

ε——道次压下率；

K——带材的屈服强度；

J——热功当量，在此处 $J=1$。

所轧单位宽度的带钢，在离辊缝出口平面 x 距离处的温度 T_x 为：

$$T_x = T_c + (T_{出} - T_c)\mathrm{e}^{-2kx/(vpch)} \tag{2-77}$$

式中 T_c——乳化液的温度；

k——传热系数；

x——所轧制带钢离辊缝出口平面的距离；

v——带钢在上游机架的出口速度；

h——带钢在上游机架的出口厚度。

在上述推导中假设带钢是热的良导体，而且在带钢的厚度方向上温度是一定的，也就是说 $T_{出}$、$T_{入}$、T_x 代表了整体的温度。

到目前为止，对于高速冷连轧过程中各道次带钢温度的计算，还主要停留在采用 W. L. Roberts 模型的基础上。由于该模型在分析上下游机架之间带钢的温度变化时，没有考虑到传热系数变化对带钢温度的影响，而将传热系数看做一个常数来处理，因此，采用该模型得到的温度值与实测值相差甚远。实际上，不但不同机架之间带钢温度是不一样的，就是同一机架的不同位置上带钢的温度也是不一样的。与之相对应，传热系数应该是一个变量，而绝不是一个常量。为此，有必要建立新的考虑机架间传热系数变化影响的冷连轧带钢温度计算模型。

传热系数的变化与带钢的冷却方式有关。一般而言，冷轧机架间带钢的冷却方式主要分为空冷和乳化液冷却，不同的冷却方式传热系数的变化是不同的。为了研究方便，对于轧制过程中温度情况仍然采用 W. L. Roberts 模型，而对于上下游机架之间的温度则采用分段离散法进行求解。如图 2-4 所示，将机架间的距离 L 分成 n 段，每段长度 $\Delta x = \frac{L}{n}$，段内温度用 T_i 表示。这样，根据第 i 段的热平衡条件可以得到[76]：

$$vh\rho c(T_i - T_{i+1}) = 2k_i(T_i - T_c)\frac{L}{n} \tag{2-78}$$

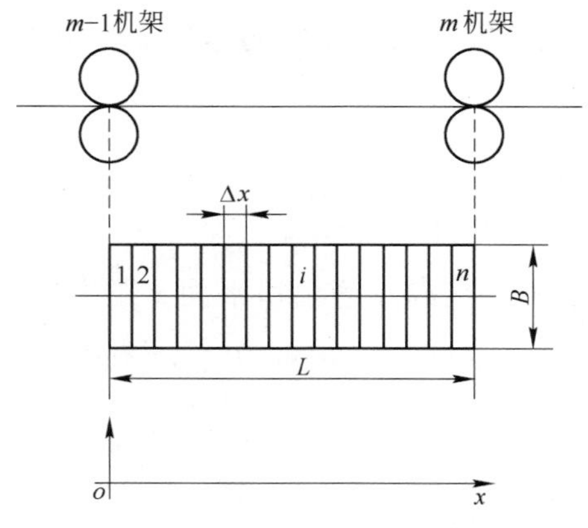

图 2-4 带钢温度在机架间分段离散图示

式中 k_i——第 i 段带材的传热系数，W/(m²·K)；

L——机架间距离，m。

将式（2-78）整理得：

$$T_{i+1} = -\frac{2k_iL}{vh\rho cn}(T_i - T_c) + T_i \tag{2-79}$$

根据研究，乳化液的传热系数 k 与乳化液浓度、流量密度、带材温度以及喷嘴形状、喷射角度等密切相关。如果保持喷嘴形状、喷射角度不变，用水流密度 w、带材温度 T_x 以及乳化液浓度 C 为变量对 k 进行多重回归，可以近似得出下式：

$$k = k_0 w^{c_1} T_x^{c_2} \exp\left[c_3\left(1 - \frac{C}{100}\right) + c_4 \frac{C}{100}\right] \times 1.163 \tag{2-80}$$

将式（2-80）代入式（2-79），整理得：

$$T_{i+1} = -\frac{2k_0 w^{c_1} \exp\left(c_3 - c_4 \frac{C}{100}\right) \times 1.163 \times L}{vh\rho cn} T_i^{c_2}(T_i - T_c) + T_i \tag{2-81}$$

式中 c_1，c_2，c_3，c_4——回归系数，对于一般的冷轧过程，根据文献这些系数可以取为 $c_1 = 0.2554$，$c_2 = -0.2457$，$c_3 = 8.7962$，$c_4 = -9.6612$；

k_0——喷嘴形状、喷射角度影响系数，由实验获得；

T_x——带材温度，℃；

C——乳化液浓度，%；

w——乳化液的水流密度，L/(min·m²)。

显然，当 $i = 1$ 时有 $T_1 = T_{出}$，因此式（2-81）可以简单解出。然后利用递推公式（2-81）求出第1、2机架间各段带材的温度，以此类推，反复运用式（2-76）和式（2-81）即可最终求得各道次带材的温度分布。

在连轧机组中轧制时，由于冷轧的加工硬化效应，带材的温度将随着轧制道次的增加而上升，所以在机架之间需要进行乳化液冷却来控制带钢的温度，后一机架带材的温度是前几机架带材温度累计的结果，因此，带钢的温度必须按顺序进行计算。而带钢温度过高容易引起热滑伤等缺陷的产生，所以解决热滑伤等缺陷问题必须综合考虑每个机架的温度情况，这样才能获得良好的效果。

2.2 摩擦系数模型的建立

在冷连轧生产过程中，为了降低轧辊与带钢的表面温度、减小变形区接触弧表面上的摩擦力，防止金属粘在轧辊表面，同时减少轧辊的磨损，往往需要向轧辊与带钢表面喷洒大量的乳化液。这样，在冷连轧机的高速轧制过程中，带钢与轧辊并不是直接接触的，而是通过一定厚度的润滑油膜作为媒介，因此，轧制过程中摩擦系数就几乎取决于接触表面上润滑油膜的厚度，而根据润滑油膜厚度就可以判断出轧制变形区中摩擦处于什么状态以及摩擦系数的变化趋势。例如，随着变形区润滑油膜厚度的增加，摩擦作用机理由干摩擦向液体摩擦过渡，或者说在混合摩擦中液体摩擦所占的比例加大，摩擦系数相应减小。

通过研究表明，在冷连轧过程中，变形区润滑油膜的厚度与摩擦系数之间存在着一一对应的关系，而道次压下率、轧制速度、机架入出口带钢厚度、带钢变形抗力、乳化液流量、浓度及温度等因素主要是通过影响润滑油膜的厚度来间接影响摩擦系数的。这就是说，如果能够通过现场实际数据回归出润滑油膜厚度与摩擦系数之间的定量关系，实质上就已经建立起了包含道次压下率、轧制速度、机架入出口带钢厚度、带钢变形抗力、乳化液流量等因素在内的摩擦系数模型。

2.2.1 冷轧过程中摩擦系数的计算

冷轧过程中变形区摩擦系数的测定方法主要有：实测轧制力逆算法、实测前滑逆算法、同时测定压力和扭矩计算法等。实测轧制力逆算法是指通过实测轧制力，然后根据轧制力公式反推出摩擦系数，该方法的准确性与采用的轧制力公式有关。在实测轧制力逆算法中，主要采用的轧制力公式有 Hill 公式等、Bland-Ford 和 Stone 公式等。本研究采用冷轧现场最常用的 Hill 公式反推求解冷轧的摩擦系数。

在冷轧过程中，由 Hill 公式可得总轧制力为：

$$\bar{P} = Q_F(K_m - \xi)B\sqrt{R'\Delta h} + \frac{2}{3}\sqrt{\frac{1-\nu^2}{E}K_m\frac{h_1}{\Delta h}}(K_m - \xi)B\sqrt{R'\Delta h} \tag{2-82}$$

式中 Δh——道次绝对压下量, $\Delta h = h_0 - h_1$;

ξ——等效张力影响系数, $\xi = 0.3\sigma_1 + 0.7\sigma_0$;

K_m——道次平均变形抗力;

Q_F——外摩擦影响系数，可由下式表示:

$$Q_F = 1.08 - 1.02\varepsilon + 1.79\varepsilon\mu\sqrt{(1-\varepsilon)\frac{R'}{h_1}} \tag{2-83}$$

利用上述模型来反算摩擦系数，将式（2-82）移项处理得:

$$Q_F = \frac{P}{(K_m - \xi)B\sqrt{R'\Delta h}} - \frac{2}{3}\sqrt{\frac{1-\nu^2}{E}K_m\frac{h_1}{\Delta h}} \tag{2-84}$$

根据式（2-83）得:

$$\mu = \frac{Q_F - 1.08 + 1.02\varepsilon}{1.79\varepsilon\sqrt{1-\varepsilon}\sqrt{\frac{R'}{h_1}}} \tag{2-85}$$

将式（2-84）代入式（2-85）就可以得到摩擦系数的反算公式:

$$\mu = \frac{\frac{P}{(K_m - \xi)B\sqrt{R'\Delta h}} - \frac{2}{3}\sqrt{\frac{1-\nu^2}{E}K_m\frac{h_1}{\Delta h}} - 1.08 + 1.02\varepsilon}{1.79\varepsilon\sqrt{1-\varepsilon}\sqrt{\frac{R'}{h_1}}} \tag{2-86}$$

式中 B——带钢宽度;

R'——轧辊压扁半径, $R' = R\left[1 + \frac{16(1-\nu^2)P}{\pi EB(h_0 - h_1)}\right]$;

ν——轧件泊松比;

E——轧件杨氏模量;

P——总轧制力。

2.2.2 冷轧过程中油膜厚度模型

冷轧过程中必须采用润滑措施，为了使轧制过程顺利进行，在工作辊与带钢之间必须保持适当的油膜厚度。如果油膜过厚，可能导致带钢表面粗糙，还有可能导致打滑；如果油膜厚度过薄，可能导致工作辊与带钢之间直接接触，导致工作辊磨损加剧和产生带钢表面缺陷。因此，保持适当的油膜厚度是减小工作辊磨损、改善带钢表面质量和提高生产率的关键。油膜厚度与轧制工艺参数和油品的特性直接相关，在轧制入口区，油膜厚度可以按照弹性流体动压润滑（EHL）计算。

在轧制过程中应用流体润滑理论时，流体油膜内通常采用雷诺方程，而在变形区内采用卡尔曼或奥罗万的力学平衡方程式[68]。对于入口区域，以雷诺方程和能量方程为基础，按下列过程求解入口处的油膜厚度。在两接触面间的润滑油膜上由于产生了相对滑动，所以润滑油之间受到了剪切力的作用，如图 2-5 所示。

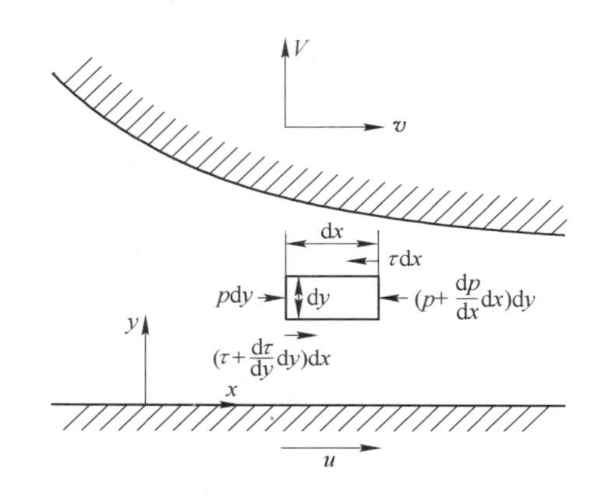

图 2-5　润滑油膜上力的平衡

沿 x 轴正方向轧件的速度为 u，工作辊的速度为 v，同时，工作辊沿 y 轴正方向以速度 V 移动，并做如下假设[11,77]：

（1）入口处流体为牛顿流体；

（2）流体流动状态为层流；

（3）流体为不可压缩流体，不考虑流体所受的惯性力；

（4）压力在油膜厚度方向（y 方向）没有变化，在 x、z（轧制方向和宽度方向）方向上的速度梯度远远小于 y 方向上的速度梯度，因此，可以忽略不计；

（5）固体和流体表面之间没有相对滑动。

基于以上假设，对于图 2-5 中的微小单元，沿 x 方向上的力平衡方程式为：

$$\frac{\mathrm{d}p}{\mathrm{d}x} = \frac{\mathrm{d}\tau}{\mathrm{d}y} \tag{2-87}$$

对于牛顿流体，剪切应力等于黏度乘以垂直方向上的速度梯度：

$$\tau = \eta \frac{\mathrm{d}u}{\mathrm{d}y} \tag{2-88}$$

由式（2-87）和式（2-88）可导出运动方程式为：

$$\frac{\mathrm{d}p}{\mathrm{d}x} = \eta \frac{\mathrm{d}^2 u}{\mathrm{d}y^2} \tag{2-89}$$

对式（2-89）积分可得：

$$u = \frac{1}{2\eta}\frac{\mathrm{d}p}{\mathrm{d}x} y^2 + C_1 y + C_2 \tag{2-90}$$

式中　C_1，C_2——常数。

边界条件 $y=0$ 时 $u=v_0$，$y=h$ 时 $u=v_1$，代入式（2-90）可得：

$$u = \frac{1}{2\eta} \times \frac{\mathrm{d}p}{\mathrm{d}x}(y^2 - yh) + \left(\frac{v_1 - v_0}{h}\right)y + v_0 \tag{2-91}$$

同样，对于 y 方向上的力平衡关系，根据假设（5）可以得出：

$$\eta \frac{\mathrm{d}^2 v}{\mathrm{d}y^2} = 0 \tag{2-92}$$

对式（2-92）进行积分得：

$$v = C_3 y + C_4 \tag{2-93}$$

式中　C_3，C_4——常数。

边界条件 $y=0$ 时 $v=0$，$y=h$ 时 $v=V$，代入式（2-93）可得：

$$v = V\frac{y}{h} \tag{2-94}$$

根据流体的连续方程式：

$$\frac{\partial u}{\partial x} + \frac{\partial v}{\partial y} = 0 \tag{2-95}$$

将式（2-91）和式（2-94）代入式（2-95）后，沿油膜厚度方向进行积分，则得出雷诺方程式如下：

$$\int_0^h \frac{\partial u}{\partial x}\mathrm{d}y + \int_0^h \frac{\partial v}{\partial y}\mathrm{d}y = 0 \tag{2-96}$$

式中 x，y——轧制方向和油膜厚度方向；

u，v——x、y 方向所对应的油膜速度分量。

由此可解得：

$$\frac{\partial}{\partial x}\left(\frac{h^3}{\eta} \times \frac{\partial p}{\partial x}\right) = 6(v_0 - v_1)\frac{\mathrm{d}h}{\mathrm{d}x} + 12V \tag{2-97}$$

雷诺方程式（2-97）的物理意义在于：右边第一项为由于油楔效应产生的油膜压力，第二项为由于两个表面相互挤压产生的油膜压力。

对轧辊与轧件之间入口区流体油膜进行解析时，在式（2-97）中，将 $v_0 = v_0$、$v_1 = v_r\cos\theta \approx v_r$、$V = v_r\tan\theta = v_r\dfrac{\mathrm{d}h}{\mathrm{d}x}$代入后得：

$$\frac{\mathrm{d}}{\mathrm{d}x}\left(\frac{h^3}{\eta} \times \frac{\mathrm{d}p}{\mathrm{d}x}\right) = 6(v_r + v_0)\frac{\mathrm{d}h}{\mathrm{d}x} \tag{2-98}$$

对式（2-98）积分可以得到冷轧入口区的雷诺方程：

$$\frac{\mathrm{d}p}{\mathrm{d}x} = 6\eta(v_r + v_0)\frac{h - h_a}{h^3} \tag{2-99}$$

式中 p——油膜压力；

η——油膜黏度；

h——油膜厚度；

v_r——轧辊表面线速度；

v_0——带钢的入口速度；

h_a——入口区带钢开始屈服时的油膜厚度。

式（2-99）表示冷轧过程中，入口区域油膜厚度与油膜压力关系的基本方程式，考虑由式（2-88）即可求解油膜剪切应力。在式（2-99）的右侧，润滑油黏度与压力和温度有较大关系，要得到解析解是很困难的。将润滑油黏度看为关于压力 p 和温度 T 的函数，并以此来求得入口区油膜厚度的近似解析解。

根据几何关系，入口处油膜厚度可进行如下近似计算：

$$h = h_a + \frac{x^2 - x_1^2}{2R} \approx h_a + \frac{x_1}{R}(x - x_1) \tag{2-100}$$

边界条件 $h=\infty$ 时 $p=0$；$h=h_a$ 时 $p=\sigma_s$。并假设黏度 $\eta=\eta_0\exp(\theta p)$，则有如下入口油膜厚度的解析解：

$$h_a=\frac{3\eta_0\theta(v_0+v_r)}{\alpha(1-e^{-\theta\sigma_s})} \tag{2-101}$$

式中 η_0——一个大气压下的室温黏度；

α——咬入角；

θ——黏压系数。

Wilson 和 Walowit[46] 在比较了弹性流体动压和塑性流体动压在入口区的差异后，推导出考虑前后张力影响的变形区入口油膜厚度模型如下：

$$h_a=\frac{3\eta_0\theta(v_0+v_r)}{\alpha[1-e^{-\theta(K-\sigma_0)}]} \tag{2-102}$$

据现场经验可知，在冷连轧过程中，变形区润滑油膜厚度可以近似用下式来表示：

$$\xi_0=\xi_1+\xi_2 \tag{2-103}$$

式中 ξ_1——绝对光辊轧制时变形区润滑层厚度；

ξ_2——由工作辊与带钢表面纵向粗糙度影响而形成的润滑层厚度。

对于由工作辊与带钢表面纵向粗糙度影响而形成的润滑层厚度 ξ_2，根据文献［78］可以用下式来表示：

$$\xi_2=k_{rg}(R_{ar}+R_{as}) \tag{2-104}$$

式中 k_{rg}——表示工作辊和带钢表面纵向粗糙度夹带润滑剂强度的系数，其值在 0.09～0.15 的范围内，它和压下率及润滑剂黏度有关，随着压下率的减小和润滑油黏度的增加，系数有所增大；

R_{ar}，R_{as}——分别为工作辊和带钢表面纵向粗糙度。

根据研究，冷连轧生产过程中工作辊的表面粗糙度主要取决于工作辊的原始粗糙度与换辊后的轧制千米数。根据现场经验与数据回归分析，冷连轧机工作辊表面粗糙度可以用下式来近似表示：

$$R_{ar}=R_{ar0}e^{-B_LL} \tag{2-105}$$

式中 R_{ar0}——冷连轧机工作辊原始表面纵向粗糙度；

L——工作辊换辊后的轧制千米数；

B_L——工作辊粗糙度衰减系数。

与此同时，根据现场经验可知，在正常冷连轧过程中，带钢的表面粗糙度主要是由工作辊表面粗糙度复制在上面的，也就是说，带钢表面粗糙度可以用下式来表示：

$$R_{as} = K_{rs}R_{ar} \tag{2-106}$$

式中 K_{rs}——复制率，即工作辊表面纵向粗糙度传递到带钢上的比率。

将式（2-106）和式（2-105）联立，代入式（2-104）得：

$$\xi_2 = k_{rg}(1 + K_{rs})R_{ar0}e^{-B_L L} \tag{2-107}$$

在求解油膜厚度时，通常假定前滑为零，再由体积不变求出，这样影响了油膜厚度计算的准确性[79]。因此，在考虑前滑值和上述带钢及轧辊粗糙度等因素的综合影响基础上，对变形区进行分段分析，建立不同区域新的油膜厚度模型如下：

入口区润滑油膜厚度的表达式为：

$$h_a = \frac{3\theta\eta_0(v_r + v_0)}{\alpha[1 - e^{-\theta(K-\sigma_0)}]} + \frac{x^2 - l_d^2}{6R} + k_{rg}(1 + K_{rs})R_{ar0}e^{-B_L L} \tag{2-108}$$

入口区最小油膜厚度为：

$$h_a = \frac{3\theta\eta_0(v_r + v_0)}{\alpha[1 - e^{-\theta(K-\sigma_0)}]} + k_{rg}(1 + K_{rs})R_{ar0}e^{-B_L L} \tag{2-109}$$

塑性变形区的油膜厚度表达式为：

$$h_x = \frac{3\theta\eta_0(v_r + v_0)^2(Rh_1 + x^2)}{\alpha[(v_0h_0 + v_rh_1)R + v_rx^2][1 - e^{-\theta(K-\sigma_0)}]} + k_{rg}(1 + K_{rs})R_{ar0}e^{-B_L L} \tag{2-110}$$

塑性变形区的平均润滑油膜厚度为：

$$\bar{h} = \frac{3\theta\eta_0(v_r + v_0)(2v_r + v_0 + v_1)}{\alpha(v_r + v_1)[1 - e^{-\theta(K-\sigma_0)}]} + k_{rg}(1 + K_{rs})R_{ar0}e^{-B_L L} \tag{2-111}$$

出口区润滑油膜厚度表达式为：

$$h_b = \frac{3\theta\eta_0(v_r + v_0)^2}{\alpha(v_r + v_1)[1 - e^{-\theta(K-\sigma_0)}]} + \frac{x^2 - l_b^2}{2R} + k_{rg}(1 + K_{rs})R_{ar0}e^{-B_L L} \tag{2-112}$$

出口处润滑油膜厚度为：

$$h_b = \frac{3\theta\eta_0(v_r + v_0)^2}{\alpha(v_r + v_1)[1 - e^{-\theta(K-\sigma_0)}]} + k_{rg}(1 + K_{rs})R_{ar0}e^{-B_L L} \tag{2-113}$$

式中 h_1 ——带钢出口厚度；

η_0 ——润滑剂的动力黏度；

K_{rs} ——带钢的变形抗力；

l_d——塑性变形区的长度；

l_b——塑变区出口处到原点的距离。

从润滑力学的角度分析，润滑油最重要的物理特性之一就是黏性。由于黏性的存在，在流体各层之间相对运动时产生剪切应力，即流体内摩擦力。黏度是对黏性大小的度量。在轧制过程中，变形区产生很大的轧制压力。随着轧制摩擦副接触区压力的增加，润滑油内分子间距减小而作用力增大，从而使黏度增加。冷轧变形区的单位轧制压力可达到几百兆帕，所以压力对润滑油黏度的影响是不可忽略的。

很多人对黏度与压力之间的关系进行了研究，但还不能完全应用分子理论定量地描述润滑油的黏压关系，现有的黏压关系式都是以实验为根据的。以前的轧制润滑理论中，在计算黏度时一般忽略温度的变化，只考虑压力对黏度的影响，常用 Barus 的黏压模型，但是 Barus 黏压模型只适用于压力较低的情况，而在冷轧过程中单位轧制压力一般可达到 400 ~ 1000MPa，若仍采用以上黏压关系，将给后续计算带来很大的误差。本研究将 Barus 黏压模型与其他几种黏压模型进行对比，并考虑轧制过程中压力以及油膜温度的变化，选择适合冷轧过程的黏压模型。目前常用的经验黏压模型如下：

（1） Barus 指数关系式（模型 A）：

$$\eta = \eta_0 e^{\theta p} \tag{2-114}$$

式中 η ——压力 p 时的黏度；

η_0 ——在大气压下的黏度；

θ ——Barus 黏压系数。

由于 Barus 模型形式简单、便于数学处理，在轧制润滑理论中，常用此模型计算润滑油的黏度，在压力不高时计算值与实验值吻合较好。

（2） 带两个系数的指数关系[80]（模型 B）：

$$\eta = \eta_0 \exp\left(\frac{Ap}{B + p}\right) \tag{2-115}$$

其中，$A = 37$，$B = 1.66$GPa。当压力较高时，按 Barus 指数关系式求得的黏度值偏高，而且压力越高，误差越大，模型 B 在高压情况下比模型 A 的黏度计算值小，相对来说与实验值更接近。

（3）Cameron 幂函数关系式（模型 C）：

$$\eta = \eta_0(1 + cp)^n \tag{2-116}$$

式（2-116）是由 Cameron 在 1962 年提出的，式中含有两个实验常数 c 和 n，Cameron 推荐取 $n = 16$，而常数 c 一般根据 $c = \frac{\theta}{n-1}$ 来确定。

（4）Roelands 黏压关系式[81]（模型 D）：

$$\eta = \eta_0 \exp\left\{(\ln\eta_0 + 9.67)\left[\left(1 + \frac{p}{1.96 \times 10^8}\right)^z - 1\right]\right\} \tag{2-117}$$

式（2-117）被认为是目前为止最精确的黏压关系式。式中常数 z 可以利用 Barus 指数关系式中的黏压系数来确定：

$$z = \frac{\theta}{5.1 \times 10^{-9}(\ln\eta_0 + 9.67)} \tag{2-118}$$

经计算 z 的取值约为 0.6，本文取 $z = 0.6$。

将 4 种黏压模型分别在低载荷区（10 ~ 100MPa）和中等载荷区（400 ~ 600MPa）进行对比，对比时所需的润滑油的理化参数如表 2-1 所示。

表 2-1　润滑油理化参数

项　目	润滑剂	动力黏度/Pa · s	密度/g · cm^{-3}	黏压系数/Pa^{-1}
参　数	BYD-101	0.022	0.908	2.0×10^{-8}

当单位压力在 10 ~ 100MPa 范围内时，4 种黏压模型中黏度随压力的变化关系如图 2-6 所示。

由图 2-6 可以看出，随着压力增加，润滑剂的黏度呈上升趋势。从图 2-6a 可以看出，模型 B 得到的黏度计算值比其他模型的大，模型 D 的计算值明显比其他模型的低。从图 2-6b 中可以看出，A、C 两个模型的计算值非常接近，所以当单位压力较低时，模型 A 和模型 C 都可以作为黏度计算模型。但是模型 A 的形式简单，这也是低载荷区一般常用模型 A 来描述黏度与压力之间关系的原因。

当单位压力在 400 ~ 600MPa 范围内时，4 个黏压模型中黏度随单位压力变化关系如图 2-7 所示。

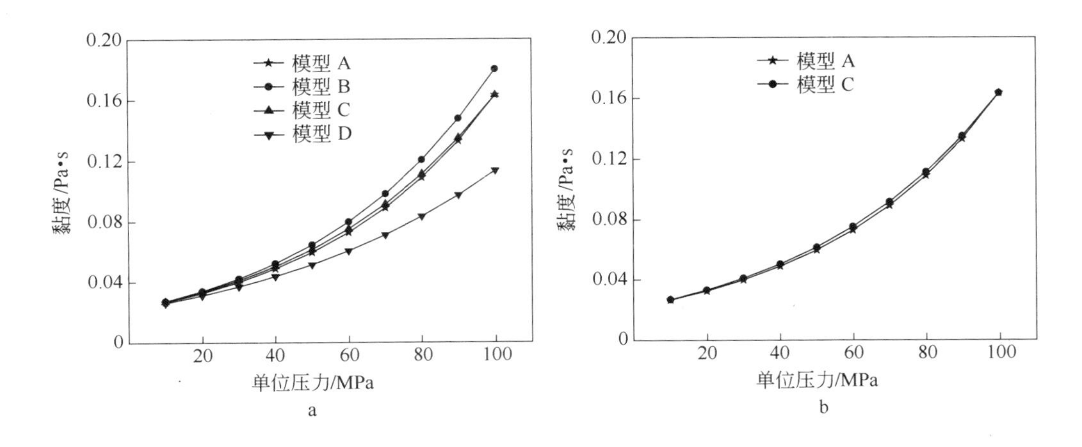

图 2-6 低载荷区黏压模型对比

a—4 种模型；b—模型 A、模型 C 对比

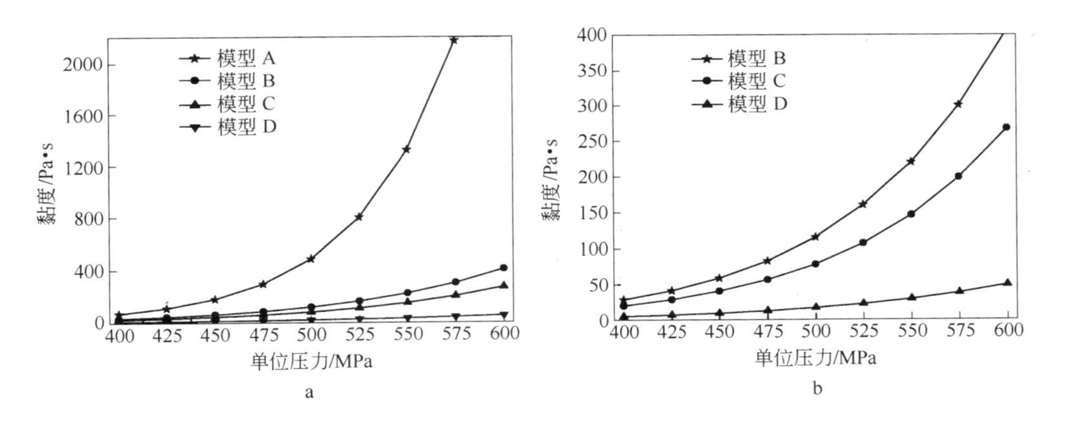

图 2-7 中等载荷下黏压模型对比

a—4 种模型；b—模型 B、模型 C、模型 D 对比

由图 2-7 可知，在中等载荷下模型 A 所得的黏度计算值明显高于其他模型，说明在载荷较高时，Barus 黏压关系式已经不准确了，而 B、C、D 三个模型在中等载荷区的计算值都比较小，而且比较接近，其中模型 D 的黏度计算值最小，在 600MPa 时计算值在 50Pa · s 左右，而模型 B、C 都达到了 300Pa · s 左右，但随着压力继续增加，也会产生很大的误差。由于冷轧过程中，一般轧制单位载荷在几百兆帕左右，Barus 黏压关系式虽然计算比较简单，但此时的计算黏度值与实际值误差较大。

文献［82］中指出模型 D 是较精确的黏压关系式。下面给出单位压力在 100 ~ 1000MPa 范围内，由模型 D 计算得到的黏度随压力的变化趋势，如图 2-8 所示。

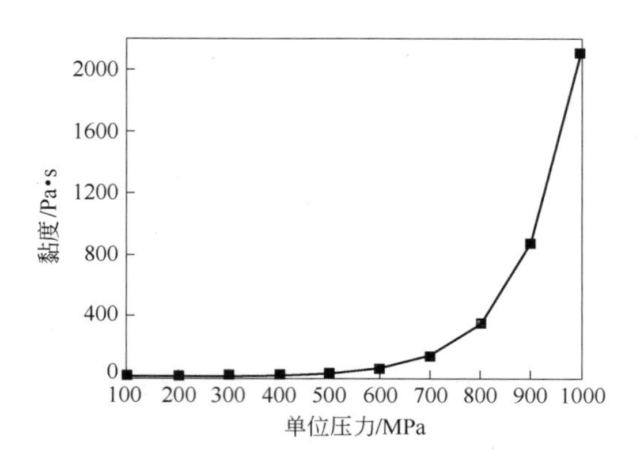

图 2-8　模型 D 黏度随压力变化关系

由图 2-8 可以看出，在 100 ~ 700MPa 范围内，采用模型 D 所得黏度的计算值变化不大，曲线比较平缓；当压力超过 700MPa 时，黏度随着压力的增加而急剧上升。由此可知，在轧制润滑模型中，黏度随压力的变化是不可忽略的。

从以上分析可知，轧制润滑理论中，由于工作区单位轧制压力较大，以前通常采用的 Barus 指数黏压关系式已经很不准确了。相对来说，Roelands 黏压关系式在轧制压力范围内较准确，所以本书在润滑理论中黏压模型采用 Roelands 黏压关系式。

润滑油黏度受温度的影响十分明显。因为黏度是分子间作用力引起的，而温度对分子间作用力影响很大，所以当温度变化范围较大时，温度对黏度的影响是不可忽略的。对于润滑油的黏温特性，很多人做了大量研究，并提出了各种形式的黏温关系。其中有的关系式是在流体流动物理模型分析的基础上得出的，有的完全是经验数据的总结，因此，每个公式都存在应用上的局限性。表 2-2 列出了几种常用的黏温模型[82]。

表 2-2　常用的黏温模型

提出者	黏温模型	说　明
Reynolds	$\eta = be^{-aT}$	准确性低
Andrade-Erying	$\eta = be^{a/T}$	通常适用于高温

续表 2-2

提出者	黏温模型	说　明
Slotte	$\eta = a/(b + T)^c$	相当准确，常用于分析计算
Vogel	$\eta = ae^{b/(T+c)}$	很准确，尤其适用于低温
Walther-ASTM	$\nu + a = bd^{1/(Tc)}$	常用于绘制黏温图

注：a、b、c、d 均为常数；T 为绝对温度；η 为动力黏度；ν 为运动黏度。

目前常用的同时考虑压力、温度对黏度影响的关系式是由 Barus 黏压关系和 Reynolds 黏温关系组合而成的指数形式，其表达式为：

$$\eta = \eta_0 \exp[\theta p - \beta(T - T_0)] \tag{2-119}$$

虽然上式的准确性不高，但由于形式简单，黏温系数 β 值的测定也较容易，所以得到广泛的应用。比较准确地考虑黏度与压力及温度的关系式是由 Roelands 在黏压关系的基础上提出的，其形式如下：

$$\eta = \eta_0 \exp\left\{(\ln\eta_0 + 9.67)\left[\left(1 + \frac{p}{1.96 \times 10^8}\right)^z \times \left(\frac{T - 138}{T_0 - 138}\right)^{-s_0} - 1\right]\right\} \tag{2-120}$$

如果式（2-119）中的 β 值已知，则式（2-120）中的 s_0 可由下式计算：

$$s_0 = \frac{\beta(T_0 - 138)}{\ln(\eta_0 + 9.67)} \tag{2-121}$$

将润滑剂性能参数代入可得到：$z \approx 0.6, s_0 \approx 1.1$。

由于冷轧过程中一般将乳化液加热到 40～55℃，所以变形区润滑油温度至少能达到 40℃，所以本书将 40℃ 作为润滑剂基础温度。常温常压下润滑油黏度为 0.022Pa·s，假设单位压力恒定，利用式（2-120）计算黏度与温度的变化关系。以下分别给出单位压力较低以及中等载荷时润滑液黏度随温度的变化关系。表 2-3 给出了单位压力为 200MPa 时黏度随温度的变化情况，图 2-9 描述了不同压力下黏度随温度的变化关系。

表 2-3　黏度随温度变化关系

温度/℃	40	50	60	70	80	90	100	110	120
黏度/Pa·s	0.475	0.280	0.174	0.114	0.078	0.055	0.040	0.030	0.023
温度/℃	130	140	150	160	170	180	190	200	210
黏度/Pa·s	0.018	0.014	0.012	0.009	0.008	0.007	0.006	0.005	0.004

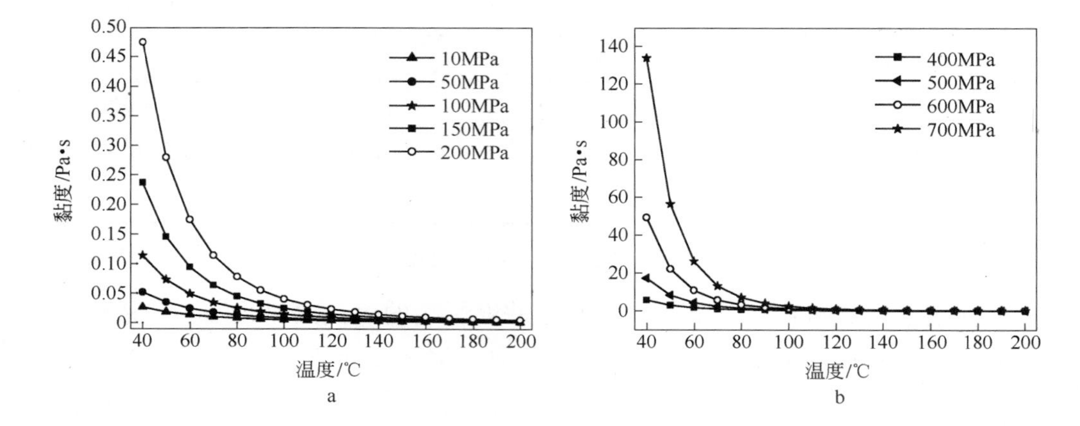

图 2-9 黏度随温度变化趋势

a—10～200MPa；b—400～700MPa

从表 2-3 中可知，当压力恒定为 200MPa、温度为 40℃时，润滑油黏度为 0.475Pa·s，当温度上升到 100℃时，润滑油黏度为 0.040Pa·s，此时润滑油黏度下降一个数量级，当温度达到 200℃左右时，润滑油的黏度值已经非常小，比基础温度时下降两个数量级。

由图 2-9 中可以看出，在同一温度下，随着单位压力的增加，黏度值上升；随着温度的升高，黏度值先迅速下降，然后趋于平缓，而且无论单位压力为多大，随着温度的升高，润滑油黏度值都会逼近某一极限值。

在冷轧过程中，单位轧制压力受压下量、摩擦力以及材料本身性质的影响，而温度受变形热、摩擦热、板带入口温度、润滑液本身温度以及润滑液冷却等多种因素的影响，当压下量、摩擦力较小时，油膜温度在 60～90℃。下面根据式（2-120）给出适于冷轧的温度-压力-黏度之间的关系，如图 2-10 所示。

由图 2-10 可以看出，一方面，在某一温度下，随着单位轧制压力的升高，黏度值呈上升趋势，当压力较低时温度的影响不明显，即在 300MPa 以下时可以不考虑温度对润滑液黏度的影响；另一方面，在同一压力下，随着温度的升高黏度下降，单位轧制压力越高，不同温度之间黏度值差别越大。综合以上分析可知，在冷轧轧制润滑理论研究过程中应该综合考虑单位轧制压力和温度对黏度的影响。

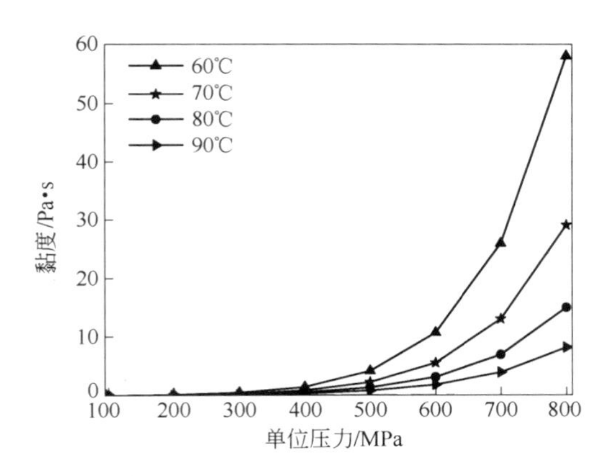

图 2-10 黏度随温度、压力变化关系

2.2.3 摩擦系数与油膜厚度关系模型的建立

国内外研究表明，可以采用指数模型来近似表达摩擦系数与润滑油膜厚度之间的关系，据此首先构造出摩擦系数与油膜厚度之间的基本函数关系如下：

$$\mu = a + b\mathrm{e}^{-B_\xi \xi_0} \tag{2-122}$$

式中 a ——液体摩擦影响系数；

b ——干摩擦影响系数；

B_ξ ——摩擦系数衰减指数。

显然，由边界条件可知，当 $\xi_0 = 0$ 时，意味着变形区为干摩擦状态，此时：

$$\mu = a + b \tag{2-123}$$

当 ξ_0 大到一定程度时，$\mathrm{e}^{-B_\xi \xi_0}$ 近似等于0，变形区处于完全液体摩擦状态，此时：

$$\mu = a \tag{2-124}$$

这样，根据式（2-122）可知，只要求出 a、b、B_ξ 三个未知数就可以得到相应的摩擦系数模型。虽然摩擦系数模型是通过某一条或者某几条冷连轧生产线回归出来的，但是其通用性很好，可以在不进行较大幅度修改的前提下推广应用到其他类似机组。

3　冷轧轧辊温度场模拟

轧辊温度场和热凸度计算的基本理论主要包括热传导对流理论和能量守恒定律，其具体模型根据实际情况和学者们的研究方法不同而不尽相同。目前工作辊温度场和热凸度计算采用的方法主要是有限差分法和有限单元法。有限差分方程可以采用两种方法进行推导：第一种直接从能量守恒定律推导（称为热平衡法），这种方法被盐崎所采用；第二种方法把由能量守恒定律推出的导热微分方程的微分项以差商代替进行推导，这种方法被有村所采用。该方法比较简明，数学概念清晰，但存在边界节点温度方程的截断误差与内节点不一致的问题。而第一种方法的物理概念清晰，较易解决上述问题，特别是在处理热交换边界条件时存在极大的灵活性。

此外，处理方法的不同还表现在对工作辊的维数处理上，一般说来，为了计算及分析上的简单化，大多数学者都将轧辊看成是一个二维系统，也有一些学者按实际情况把轧辊按三维进行单元划分。在实际现场应用中一般是采用二维方法对轧辊进行分析，而三维方法多用于离线分析上。

对于轧辊温度场从时间上来分又可分为静态温度场分析和动态温度场分析。在这里主要进行静态分析。

在轧辊的温度计算中，按金兹伯格的观点，应考虑以下因素：

（1）轧制前带钢的热含量；

（2）在接触弧处由带钢的变形功和摩擦产生的热量；

（3）通过接触弧传导给轧辊的热量；

（4）由于冷却导致在轧辊表面的热量损失；

（5）传导给轧辊轴承的热量。

现场轧辊的热交换计算极其复杂，包括带钢向轧辊传导的热量计算、带钢与轧辊相对运动产生摩擦热的计算、轧辊与空气热交换的计算、轧辊与乳化液的热交换计算。这些复杂的计算构成了轧辊温度场计算的难点。

对于轧辊的温度计算，我们不考虑轧辊在轧制过程中变形所产生的热量，将轧辊看成是刚性的，只考虑轧辊与轧件接触时所产生的摩擦热、乳化液喷洒时的冷却以及轧辊与周围环境的热交换。

3.1 温度场、热应力有限元模拟理论

3.1.1 微元体内的能量守恒

在一个任意形状的导热体中，取出一个微元体作为控制体，此微元体应满足能量平衡方程：

$$E_{in} + E_g = E_{out} + E_{ie} \tag{3-1}$$

式中 E_{in}——单位时间内进入控制体的能量；

E_g——单位时间内控制体本身产生的能量；

E_{out}——单位时间内流出控制体的能量；

E_{ie}——控制体内贮存能量的变化。

进入或离开控制体的能量 E_{in} 与 E_{out}，它们仅仅和发生在控制表面的热量传递过程有关，其大小正比于所通过的控制表面的面积。控制体自身所释放出的能量 E_g 是其他形式的能量（如化学能）转变为热能而产生的，在传热学中，通常以单位体积在单位时间所释放的热能给出，记为 $\dot{q}$，$\dot{q}$ 称作内热源的发热率，或内热源强度。贮存能量变化项 E_{ie}，仅与控制体内物质所具有的能量的增加或减少有关。

3.1.2 导热微分方程

傅里叶（J. Fourier）于1882年提出[83]：在任何时刻，均匀连续介质内各点所传递的热流密度正比于当地的温度梯度，其数学表达式为：

$$\vec{q} = -\lambda \mathrm{grad}T = -\lambda \frac{\partial T}{\partial n}\vec{n} \tag{3-2}$$

式中 λ——导热系数，它在数值上等于温度降度为1℃/m时，单位时间内通过等温面单位面积的热量，W/(m·℃)。

可见，傅里叶导热定律揭示了热流密度与温度梯度的关系，但是要确定

热流密度的大小，还要进一步知道物体内的温度场，这就必须建立导热微分方程，该方程是根据热力学第一定律推导出来的。

考虑物体内任意一个边长为 dx、dy、dz 的微元六面体，如图3-1所示。取坐标系 $oxyz$，使坐标轴与微元六面体的面平行，微元体的体积为 $dV = dxdydz$。对于有内热源的不稳态导热过程，其温度是时间和空间的函数，即：

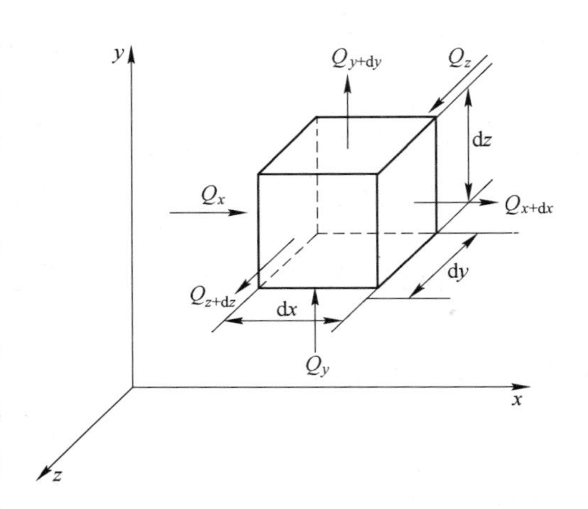

图 3-1 微元体的导热

$$T = f(x,y,z,t) \tag{3-3}$$

根据能量守恒定律，从三个方向导入微元体的热量，加上内热源发出的热量，应等于微元体相应的三个方向导出的热量与内能变化之和，即：

$$Q_x + Q_y + Q_z + E_g = Q_{x+dx} + Q_{y+dy} + Q_{z+dz} + E_{ie} \tag{3-4}$$

式中 Q_x，Q_y，Q_z——单位时间内从 $x = x$、$y = y$、$z = z$ 三个控制表面导入微元控制体的热量；

Q_{x+dx}，Q_{y+dy}，Q_{z+dz}——单位时间内从 $x + dx$、$y + dy$、$z + dz$ 三个控制表面导出控制体的热量；

E_g——微元体内热源单位时间所产生的热量；

E_{ie}——内能变化量。

根据傅里叶定律并按泰勒级数展开，略去二阶导数以后的各项，得：

$$Q_x = -\lambda \frac{\partial T}{\partial x} dydz \tag{3-5}$$

$$Q_{x+dx} = -\lambda \frac{\partial T}{\partial x} dydz + \frac{\partial}{\partial x}\left(-\lambda \frac{\partial T}{\partial x}\right) dxdydz \tag{3-6}$$

最后，可知 x 方向的净导入热流量为：

$$Q_x - Q_{x+dx} = \frac{\partial}{\partial x}\left(\lambda \frac{\partial T}{\partial x}\right) dxdydz \tag{3-7}$$

同理

$$Q_y - Q_{y+dy} = \frac{\partial}{\partial y}\left(\lambda \frac{\partial T}{\partial y}\right)dxdydz \tag{3-8}$$

$$Q_z - Q_{z+dz} = \frac{\partial}{\partial z}\left(\lambda \frac{\partial T}{\partial z}\right)dxdydz \tag{3-9}$$

E_g 能量发生项是微元体内热源在单位时间内所释放出的热，则有：

$$E_g = \dot{q}dxdydz \tag{3-10}$$

E_{ie}能量贮存变化项是单位时间微元体内物质内能的增量，即：

$$E_{ie} = \rho c \frac{\partial T}{\partial t}dxdydz \tag{3-11}$$

把上述各项结果代入式（3-4）中，并整理得：

$$\frac{\partial}{\partial x}\left(\lambda \frac{\partial T}{\partial x}\right) + \frac{\partial}{\partial y}\left(\lambda \frac{\partial T}{\partial y}\right) + \frac{\partial}{\partial z}\left(\lambda \frac{\partial T}{\partial z}\right) + \dot{q} = \rho c \frac{\partial T}{\partial t} \tag{3-12}$$

式（3-12）即为含内热源的各向同性体温度分布的支配方程，它可以在给定的初始条件和边界条件之下求解。

一般情况下，物体的导热系数 λ、比热容 c、密度 ρ 均为空间和温度的函数，对于各向同性材料，如果假设物体的导热系数 λ、比热容 c、密度 ρ 均为常数，那么式（3-12）可简化为：

$$\rho c \frac{\partial T}{\partial t} = \lambda\left(\frac{\partial^2 T}{\partial x^2} + \frac{\partial^2 T}{\partial y^2} + \frac{\partial^2 T}{\partial z^2}\right) + \dot{q} \tag{3-13}$$

对于柱坐标系下的导热微分方程可以表达为：

$$\frac{1}{r}\frac{\partial}{\partial r}\left(\lambda r \frac{\partial T}{\partial r}\right) + \frac{1}{r}\frac{\partial}{\partial \theta}\left(\frac{\lambda}{r} \frac{\partial T}{\partial \theta}\right) + \frac{\partial}{\partial z}\left(\lambda \frac{\partial T}{\partial z}\right) + \dot{q} = \rho c \frac{\partial T}{\partial t} \tag{3-14}$$

3.1.3 初始条件和边界条件

热传导方程式（3-12）中有对时间的一阶偏导数，因此，在求非稳态导热时要有初始条件，常用的初始条件为：

$$T(x,y,z,t = 0) = T_0(x,y,z) \quad (\text{在 } V \text{ 内}) \tag{3-15}$$

式中 T_0——$t = 0$ 时的温度分布状态；

V——体域。

传热问题中常见的几种边界条件如下：

（1）给出温度值的边界 S_1：

$$T(x,y,z,t) = T_0 \quad (\text{对于 } t > 0, \text{在 } S_1 \text{ 上}) \tag{3-16}$$

（2）给出热通量 Q 的边界 S_2：

$$\lambda\left(\frac{\partial T}{\partial x}l_x + \frac{\partial T}{\partial y}l_y + \frac{\partial T}{\partial z}l_z\right) - Q = 0 \quad (\text{在 } S_2 \text{ 上}) \tag{3-17}$$

式中 l_x，l_y，l_z——边界外法向的方向余弦。

（3）给出热损失的边界 S_3：

$$\lambda\left(\frac{\partial T}{\partial x}l_x + \frac{\partial T}{\partial y}l_y + \frac{\partial T}{\partial z}l_z\right) + h(T - T_\infty) = 0 \quad (\text{在 } S_3 \text{ 上}) \tag{3-18}$$

式中 h——放热系数；

T_∞——环境温度。

3.1.4 有限元计算公式

固体热传导问题在初始条件和边界条件之下需要联立求解热传导方程。一般说来，解析求解是困难的，所以常采用变分法将求解微分方程问题化为求解泛函的极值问题。偏微分方程式（3-12）可利用 Euler-Lagrange 方程等效地表达为以下泛函 I[84]：

$$I(T) = \frac{1}{2}\iiint_V \left\{\lambda\left[\left(\frac{\partial T}{\partial x}\right)^2 + \left(\frac{\partial T}{\partial y}\right)^2 + \left(\frac{\partial T}{\partial z}\right)^2\right] - 2\left(\dot{q} - \rho c\frac{\partial T}{\partial t}\right)T\right\}\mathrm{d}V + \frac{1}{2}\iint_{S_3} h(T - T_\infty)^2 \mathrm{d}S \tag{3-19}$$

式（3-19）应当满足初始条件和边界条件，当泛函 I 在 $T = T(x,y,z,t)$ 上实现极值时，求解热传导问题就可化为求解上述泛函极值的问题：

$$\delta I(T) = 0 \tag{3-20}$$

泛函 I 既是坐标 xyz 的函数，又是时间的函数。求解这个问题时，在空间上采用有限单元法将传热体离散化，而在时间上采用差分法。根据以上变分原理利用求解方程即可求解出场变量为温度的方程。

为建立有限元公式，首先把所研究的区域 V 划分为有 n 个节点的 K 个单元。单元内的温度分布可由节点温度来表示：

$$T^{(e)} = N_1T_1 + \cdots + N_iT_i + \cdots = \{N\}^T\{T\} \tag{3-21}$$

式中 N_i——形状函数；

T_i——节点 i 的温度。

把泛函式（3-19）写成 K 个单元泛函 $I^{(e)}$ 之和的形式：

$$I = \sum_{e=1}^{K} I^{(e)} \tag{3-22}$$

$$I^{(e)} = \frac{1}{2}\iiint_{V_e}\left\{\lambda\left[\left(\frac{\partial T^{(e)}}{\partial x}\right)^2 + \left(\frac{\partial T^{(e)}}{\partial y}\right)^2 + \left(\frac{\partial T^{(e)}}{\partial z}\right)^2\right] - 2\left(\dot{q} - \rho c\frac{\partial T^{(e)}}{\partial t}\right)T^{(e)}\right\}\mathrm{d}V + \frac{1}{2}\iint_{S_3^{(e)}} h(T^{(e)} - T_\infty)^2\mathrm{d}S \tag{3-23}$$

根据热传导问题的变分原理，求泛函的一阶偏导数并让其等于零：

$$\frac{\partial I}{\partial T_i} = \sum_{e=1}^{K}\frac{\partial T^{(e)}}{\partial T_i} = 0 \quad (i = 1,\cdots,n) \tag{3-24}$$

这里共有 n 个节点温度未知数，可得 n 个方程，故可以求解。

$$\frac{\partial I^{(e)}}{\partial T_i} = \iiint_{V^{(e)}}\left\{\lambda\left[\frac{\partial T^{(e)}}{\partial x}\times\frac{\partial}{\partial T_i}\left(\frac{\partial T^{(e)}}{\partial x}\right) + \frac{\partial T^{(e)}}{\partial y}\times\frac{\partial}{\partial T_i}\left(\frac{\partial T^{(e)}}{\partial y}\right) + \frac{\partial T^{(e)}}{\partial z}\times\frac{\partial}{\partial T_i}\left(\frac{\partial T^{(e)}}{\partial z}\right)\right]\right\}\mathrm{d}V - \iiint_{V^{(e)}}\left(\dot{q} - \rho c\frac{\partial T^{(e)}}{\partial t}\right)\frac{\partial T^{(e)}}{\partial T_i}\mathrm{d}V + \iint_{S_3^{(e)}} h(T^{(e)} - T_\infty)\frac{\partial T^{(e)}}{\partial T_i}\mathrm{d}S \tag{3-25}$$

由式（3-21）可得：

$$\frac{\partial T^{(e)}}{\partial x} = \left\{\frac{\partial N}{\partial x}\right\}^T\{T\} \tag{3-26}$$

$$\frac{\partial T^{(e)}}{\partial T_i} = N_i \tag{3-27}$$

$$\frac{\partial}{\partial T_i}\left(\frac{\partial T^{(e)}}{\partial x}\right) = \frac{\partial N_i}{\partial x} \tag{3-28}$$

将温度对时间的变化率也用节点值来表示：

$$\frac{\partial T^{(e)}}{\partial t} = \{N\}^T\left\{\frac{\partial T}{\partial t}\right\} \tag{3-29}$$

将式（3-26）~式(3-28）代入式（3-25）并整理，采用矩阵法可表示为：

$$\left\{\frac{\partial I^{(e)}}{\partial T_i}\right\} = [K_1^{(e)}]\{T^{(e)}\} + [K_2^{(e)}]\{T^{(e)}\} + [K_3^{(e)}]\left\{\frac{\partial T^{(e)}}{\partial t}\right\} - \{P\} \tag{3-30}$$

这里

$$K_{1ij}^{(e)} = \iiint_{V^{(e)}}\lambda\left(\frac{\partial N_i}{\partial x}\frac{\partial N_j}{\partial x} + \frac{\partial N_i}{\partial y}\frac{\partial N_j}{\partial y} + \frac{\partial N_i}{\partial z}\frac{\partial N_j}{\partial z}\right)\mathrm{d}V \tag{3-31}$$

$$K_{2ij}^{(e)} = \iint_{S_3^{(e)}} hN_iN_j\mathrm{d}S \tag{3-32}$$

$$K_{3ij}^{(e)} = \iiint_{V^{(e)}} \rho cN_iN_j\mathrm{d}V \tag{3-33}$$

$$P_i^{(e)} = \iiint_{V^{(e)}} \dot{q}N_i\mathrm{d}V + \iint_{S_3^{(e)}} hT_\infty N_i\mathrm{d}S \tag{3-34}$$

式中　N_i——形状函数。

把式（3-30）代入到式（3-24）中，并写成矩阵形式，得到：

$$\left\{\frac{\partial I}{\partial T}\right\} = \sum_{e=1}^{K}\left[\left([K_1^{(e)}] + [K_2^{(e)}]\right)\{T^{(e)}\} - \{P^{(e)}\} + [K_3^{(e)}]\left\{\frac{\partial T^{(e)}}{\partial t}\right\}\right] = \{0\} \tag{3-35}$$

把单元的刚度矩阵装配成整体刚度矩阵，并将温度对时间的导数用差分来代替，整理后得到：

$$\left([K_T] + \frac{1}{\Delta t}[K_3]\right)\{T\}_t = \frac{1}{\Delta t}[K_3]\{T\}_{t-\Delta t} + \{P\} \tag{3-36}$$

式中　$[K_T]$——温度刚度矩阵；

　　　$[K_3]$——变温矩阵。

$$[K_T] = \sum_{e=1}^{K}\left([K_1^{(e)}] + [K_2^{(e)}]\right) \tag{3-37}$$

$$[K_3] = \sum_{e=1}^{K}[K_3^{(e)}] \tag{3-38}$$

$$\{P\} = \sum_{e=1}^{K}\{P^{(e)}\} \tag{3-39}$$

根据轧制过程的特点，针对轧辊的转速及网格划分情况，确立时间步长 Δt，使得一个时间步长内轧辊恰好转动一个节点的位置。这样，利用初始条件式（3-15），认为 $t-\Delta t$ 时刻的温度场 $\{T\}_{t-\Delta t}$ 已知，给各节点温度赋初值，然后利用式（3-36）求出 t 时刻的温度场 $\{T\}_t$。将此温度场作为新的初始条件，反复迭代下去即可求出任意时刻轧辊的温度场。

3.2 传热系数模型

在冷轧过程中，轧辊的温度变化对轧辊的辊型和轧制过程的稳定性会带来巨大的影响，进而影响带钢的板形和板凸度。而轧辊的温度变化与轧辊的周围环境密切相关，轧辊与周围介质间的相互作用构成了轧辊的输入输出热流。在冷轧过程中，与轧辊之间进行接触换热的介质包括轧件、乳化液、支撑辊、轴承等，与轧辊进行非接触辐射换热的物质是轧件和轧辊周围环境（空气等）。为了实现对轧件和轧辊温度场进行精确的模拟，首先要研究轧辊与周围介质之间的热交换，进而建立轧辊与周围介质之间的传热系数模型，为轧辊和轧件温度场模拟边界条件的确定奠定基础。因此，本节的主要目的就是通过大量的理论和实验研究寻找轧辊与周围介质之间的热交换规律，建立相应的传热系数模型。

3.2.1 轧件与轧辊接触热传导

板带冷轧过程中，轧件在轧制变形区的传热是一个复杂过程。一方面轧件与轧辊之间在很高的压力作用下接触传热，轧辊从相对高温的轧件带走热量，促使轧件表面降温；另一方面由于变形和接触摩擦产生变形热和摩擦热促使轧件有一定的温升。对轧制变形区的传热模拟一直都是一项非常复杂的工作。已经有研究者采用有限元或有限差分的方法对板带钢轧制过程中轧件的传热进行了模拟研究，但对于影响轧制变形区传热的关键——变形区内轧件与轧辊之间的界面换热系数的处理，不同的研究者采用了不同的方式，有的按照常数取值，有的采用统计模型，其数值的范围也不尽相同。

许多研究者对变形区轧件与轧辊间的接触传热边界条件进行了近似假设和简化后认为，影响界面换热系数的主要因素为平均单位压力以及轧制变形区长度或接触时间等。如 Devadas[85] 等认为，带钢热轧中轧辊与轧件之间的换热系数与压下率、轧辊转速和润滑程度相关，建立了界面换热系数与单位压力之间的经验关系式。Chen[86] 等在此基础上重新确定了经验公式的系数，认为压下率显著影响界面换热系数值，在其他条件不变时，提高压下率会加剧轧件表面温降，并认为压下率提高可以显著提高轧制力，使轧辊和轧件的接触更加紧密，加剧了传热；而在其他因素一致的情况下，轧制速度越快，界面换热系数越大，并把原因归结为轧制速度加快造成应变速率增大，引起流变应力变化，进而引起轧制力升高。所以在其总结的经验公式中，界面换热系数仅为平均单位压力的线性函数。

轧件在轧制变形区单位面积、单位时间内由接触导热传递给轧辊的热流速率按牛顿冷却定律计算，其表达式为:

$$q = h_c(T_s - T_r) \tag{3-40}$$

式中 h_c——轧件与轧辊的传热系数，J/(h · m² · ℃)；

T_r——轧辊温度,℃；

T_s——轧件温度,℃, $T_s = (T_{in} + T_{out})/2$；

T_{in}, T_{out}——带钢进、出变形区的温度,℃。

一般而言，热阻随施加力的增加和粗糙度的提高而减小。具体的热阻值与表面状况、材料性质、施加的压力和界面的介质有关。通过界面接触区的传热模型包括：(1) 通过物体实际接触面的传导；(2) 通过中间介质的对流和导热；(3) 并没有实际接触区的热辐射。由于三个传热模型之间是相互联系的，不是单独作用的，所以该表达式并不完全正确，但是即使在很高的温度条件下，产生的误差也在允许范围内。在本研究中，因为热辐射很小，所以不予考虑。如果每种传热模型都并行起作用，那么总的传热系数 h_c 可表示如下:

$$h_c = h_{cs} + h_{cm} \tag{3-41}$$

式中 h_c——总的传热系数；

h_{cs}——物体实际接触区的传热系数；

h_{cm}——介质的传热系数。

通过对两接触表面接触热导的统计力学分析，利用无因次分析的方法，可以得到两接触表面之间接触热导的计算模型为:

$$h^* = ap^{*n} \tag{3-42}$$

其中

$$h^* = \frac{h_{cs}R_a}{m_a k_a} \tag{3-43}$$

$$p^* = \frac{p}{M + p} \tag{3-44}$$

式中 h^*——无因次接触热导；

k_a——接触副的平均传热系数，W/(m² · K), $\frac{2}{k_a} = \frac{1}{k_1} + \frac{1}{k_2}$, k_1、k_2 分别为两个接触副材料的传热系数；

R_a——界面均方根粗糙度，$R_a = \sqrt{R_1^2 + R_2^2}$，μm；

R_1，R_2——分别为两接触表面粗糙度，μm；

m_a——轮廓均方根斜率，$m_a = \sqrt{m_1^2 + m_2^2}$；

p——界面接触压力，MPa；

M——相对较软材料的显微硬度，MPa。

将上述公式整理得 Mikic 方程[87]：

$$h_{cs} = am_a k_a R_a^{-1}[p/(M+p)]^n \tag{3-45}$$

Antonetti 和 Whittle[88]利用大量已有的数据建立了平均粗糙度与轮廓均方根斜率的关系，并利用这一关系简化了 Mikic 方程得到下式：

$$h_{cs} = 4748.3k_a R_a^{-0.257}[p/(M+p)]^{0.94} \tag{3-46}$$

在轧制过程中，两个轧辊之间的轧件承受较高的压力，轧辊与带钢之间的间隙很小，所以对流传热部分可以不考虑，只考虑间隙介质的热传导。Yovanovich 等建立了介质的传热系数（h_{cm}）关系式：

$$h_{cm} = (k_m/\delta)r_{unc} \tag{3-47}$$

式中　k_m——介质的导热系数，本研究中即为油膜的导热系数；

δ——界面的平均厚度，由于接触表面是不规则的，两个接触物体表面之间的间隙沿法向是变化的。

r_{unc}——非接触面占名义接触面的百分比。

在轧制过程中，如 Atala 和 Rowe 的研究报告，轧件的表面很快变成轧辊的光滑表面，尤其是干轧的情况下，消除了所有的表面特性。可以假设轧辊与轧件具有相同的表面粗糙度，通常轧辊的平均表面粗糙度 R_a 在 0.253 ~ 2.54μm 之间。Wison 和 Sheu 通过研究轧制过程中真实接触区和边界摩擦，发现随着带钢体积应变的增加接触区域单调增加，但永远达不到 1，即名义接触面积。

在本研究中，利用轧辊平均表面粗糙度（R_a）估计界面厚度（δ）。

Pullen 和 Williamson 研究指出，单位压力与实际接触率有如下关系：

$$\varphi = \frac{p}{\sigma_{str} + p} \tag{3-48}$$

式中　p——单位压力；

σ_{str}——材料表面微凸体变形抗力。

这样非接触面占名义接触面的百分比可用下式求出：

$$r_{unc} = 1 - \varphi \tag{3-49}$$

本研究进行了实验室轧制实验，在实验过程中主要采集表面粗糙度、轧制力、轧制速度、轧辊和轧件的温度等参数，然后利用轧制力模型和油膜厚度模型间接计算出接触压力和油膜厚度的值，进而计算出总的接触传热系数 h_c，同时结合现场实测数据来确定轧件与轧辊接触界面传热系数，进而对带钢和轧辊在轧制过程中的温度进行计算。

3.2.2 乳化液与轧辊的热传导

带钢冷轧过程中，工作辊与乳化液之间对流传热系数的确定是轧辊温度场分析的难点，因为喷淋冷却控制系统具有非线性、强耦合等特性，很难建立精确的热量传递数学模型，其难点在于无法获得乳化液与工作辊之间精确的对流传热系数。目前的对流传热系数往往采用经验公式计算，结果差别较大。而乳化液的喷射压力、流量、温度等都会对传热系数产生影响，因此，研究这些影响规律是解决问题的关键。

本研究的思路是：首先在实验室进行模拟实验，研究乳化液的压力、流量、温度等参数对传热系数的影响规律，主要是研究不同的乳化液参数条件下，测量轧辊温度的变化，然后通过模拟给出相应的传热系数值，最后通过回归分析给出相应的模型，然后根据现场获得的大量实验数据对模型进行验证，最终给出相应的统计模型，用于对轧辊温度场的模拟计算。

为了研究乳化液的喷射距离、喷射角度、喷射压力、水流密度、乳化液温度等对传热系数的影响规律，实验在实验室四辊可逆式冷轧机上进行，主要思路是不进行轧钢，只是在轧辊空转和转速不变的情况下，通过改变乳化液的喷射距离、喷射角度、喷射压力、水流密度、乳化液温度和浓度等参数，记录在不同时间下轧辊的表面温度，然后以此为基础，通过模拟计算给出不同条件下乳化液的热交换能力。

图 3-2 给出了温度为 40℃、705DPD 乳化液流量为 1.44m^3/h、喷射压力为 0.4Pa 时，乳化液浓度（0%、1%、3%）对工作辊温度变化的影响情况。

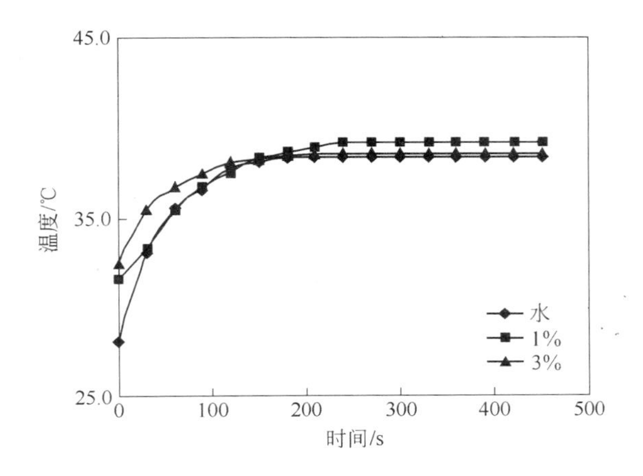

图 3-2 乳化液浓度的影响

由图 3-2 可以看出，在其他条件不变的情况下，随着乳化液浓度的提高，轧辊达到热平衡状态温度的时间延长，相应轧辊的温度略有提高，轧辊与乳化液之间的热交换能力减弱，说明乳化液浓度对传热系数具有一定的影响，也就是说，随着乳化液浓度的提高，工作辊与乳化液之间的传热系数有所减小。

图 3-3 给出了温度为 40℃、705DPD 乳化液浓度为 3% 时，乳化液流量（0.32m^3/h、0.69m^3/h、1.38m^3/h）对工作辊温度变化的影响情况。

由图 3-3 可以看出，在其他条件不变的情况下，随着乳化液流量的提高，

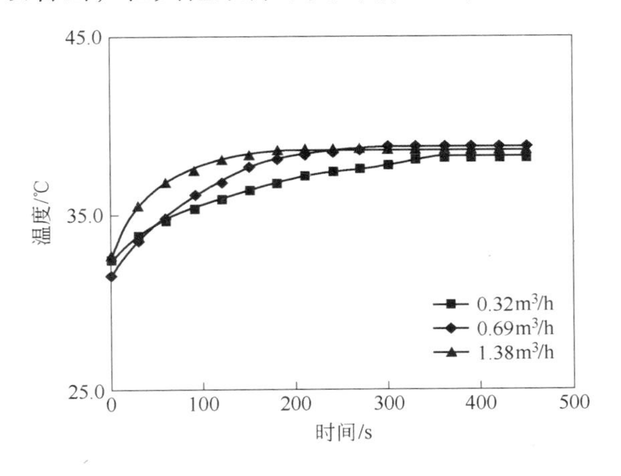

图 3-3 温度为 40℃时乳化液流量的影响

轧辊达到热平衡状态温度的时间缩短，相应热平衡状态的轧辊温度略有提高，轧辊与乳化液之间的热交换能力增强，说明乳化液流量对传热系数的影响较大，也就是说，随着乳化液流量的增加，工作辊与乳化液之间的传热系数有所增大。

图 3-4 给出了温度为 50℃、705DPD 乳化液浓度为 3% 时，乳化液流量（0.32m³/h、0.71m³/h、1.42m³/h）对工作辊温度变化的影响情况。

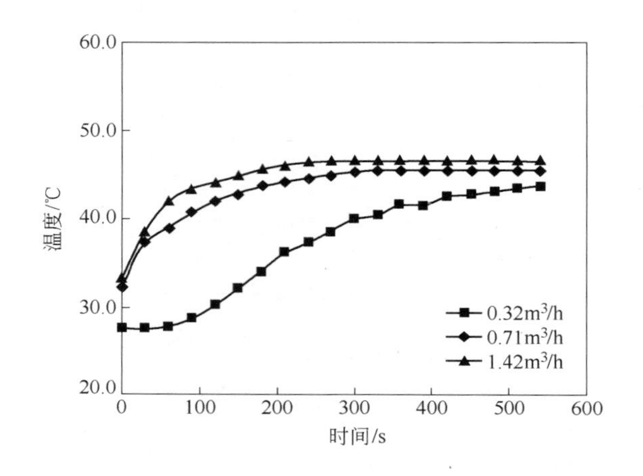

图 3-4　温度为 50℃时乳化液流量的影响

由图 3-4 可以看出，其变化趋势与图 3-3 中乳化液温度为 40℃的情况类似。随着乳化液流量的提高，轧辊达到热平衡状态温度的时间缩短，相应的轧辊温度略有提高，轧辊与乳化液之间的热交换能力增强，工作辊与乳化液之间的传热系数增大。

图 3-5 给出了 705DPD 乳化液浓度为 3%、乳化液流量为 1.42m³/h 时，乳化液温度（40℃、50℃）对工作辊温度变化的影响情况。

由图 3-5 可以看出，在其他条件不变的情况下，随着乳化液温度的提高，轧辊达到热平衡状态温度的时间延长，说明乳化液的温度也会对传热系数产生影响，由于本研究轧辊初始温度较低，所以关于乳化液温度的影响还需要结合现场实验数据。

对流传热系数的变化和带钢的冷却方式有关。带钢的冷却方式主要分为空冷和水冷，不同的冷却方式传热系数的变化是不同的。一般而言，冷轧时

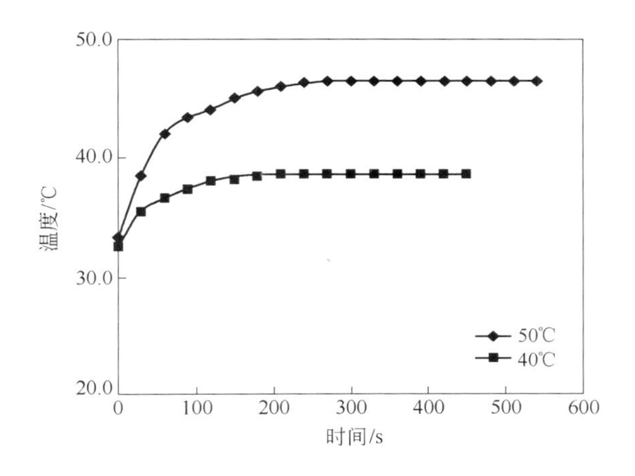

图 3-5 乳化液温度的影响

所用的乳化液（冷却剂）是由水中添加一定百分比的润滑油配制而成的。

乳化液与轧辊接触时，不但有流体的对流作用还有导热作用，两者同时存在，因此单位时间内由乳化液从轧辊单位面积微元带走的热流速率可按牛顿冷却定律计算，即：

$$q = h(T_b - T_r) \tag{3-50}$$

式中 T_b——乳化液温度，℃；

T_r——轧辊温度，℃；

h——轧辊与乳化液的对流传热系数，W/(m^2 · ℃)。

同样，借鉴国内外研究结果，乳化液的对流传热系数与水流密度 W[L/(min · m^2)]、轧辊表面温度 T_r(℃)及乳化液浓度 C(%)之间的关系可以表示如下：

$$h = k_0 W^a T_r^b \exp(c + dC) \times 1.163 \tag{3-51}$$

对于本研究通过利用上述模型骨架，根据实验室轧制实验和现场实测数据进行回归分析，即可给出式中参数 k_0 的具体值。

3.2.3 空气与轧辊的热传导

单位时间内由室内空气从轧辊表面单位面积微元带走的热流速率可按牛

顿冷却定律计算，即：

$$q = h_c(T_c - T_r) \tag{3-52}$$

式中 T_c——室内空气温度,℃；

T_r——轧辊温度,℃；

h_c——轧辊与空气的对流传热系数，W/(m²·℃)。

3.2.4 辊间接触热传导

单位时间内由支撑辊传到工作辊单位表面微元的热流速率可按牛顿冷却定律计算，即：

$$q_t = h_{zhi}(T_{zhi} - T_r) \tag{3-53}$$

式中 T_{zhi}——支撑辊温度,℃；

T_r——轧辊温度,℃；

h_{zhi}——工作辊与支撑辊间的传热系数，W/(m²·℃)。

该接触界面可以类似看成轧辊与带钢之间的接触弧，除此之外，摩擦热为：

$$q_{wb} = h_{wb}(T_w - T_b) \tag{3-54}$$

$$h_{wb} = \frac{0.28k_w}{\Delta\theta R_w \sqrt{\pi\alpha_w}}\sqrt{L_c v_w} \tag{3-55}$$

式中 $\Delta\theta$——工作辊与支撑辊之间接合的角度；

L_c——压扁长度，mm，$L_c = 2.256\sqrt{\frac{P}{L}\frac{R_w R_b}{R_w + R_b}\left(\frac{1-\nu_w^2}{E_w} + \frac{1-\nu_b^2}{E_b}\right)}$；

k_w——工作辊导热系数；

v_w——工作辊速度，mm/s；

α_w——工作辊热扩散率，m²/s，$\alpha_w = 17 \times 10^{-6}$m²/s；

P——工作辊与支撑辊之间的压力，kN；

E_w——工作辊杨氏模量，MPa，此处取值2.2×10^5MPa；

ν_w——泊松比，此处取值0.3；

L——工作辊与支撑辊辊身接触长度，mm。

通过上面的热流量分析可以看出，轧辊的热流量输入和输出计算覆盖面广，涵盖了传热学计算理论的主要内容，计算也相当复杂。由于具体轧机系统和轧制工艺的差异，各项热流计算值在轧辊输入输出热流量中所占比例也不一样。对于冷轧来说，轧件与轧辊的摩擦热和轧件的塑性变形热占轧辊输入热流量的主要部分。热流量计算中的辊间接触热传导、轧辊轴承发热量、轧件与轧辊间的辐射换热和轧辊与环境间的辐射换热虽然在轧辊热流量计算中所占比例不大，但计算却相当复杂。它们的精确计算涉及许多学科的知识和内容，不少问题还需进一步研究。因此，本研究中对于轧辊轴承发热量、轧件与轧辊间的辐射换热和轧辊与环境间的辐射换热方面，由于其在热流输入输出中所占比例很小，而工作量却很大，所以把这几项忽略不计。

3.3 轧辊温度场模拟模型的建立及边界条件处理

3.3.1 模型的建立及网格的划分

对于现场的冷轧机而言，轧辊的尺寸较大，所以在对其模拟过程中为了减少单元的数量和计算时间，有必要对其模型进行简化，忽略轧辊轴承部分摩擦热对轧辊温度场的影响，只研究辊身长度部分。另外，对轧辊温度场影响规律的研究，由于模拟工作量大，所以采用二维模型进行研究，然后利用现场和实验室采集的数据对模拟结果进行验证。

对于二维模型的建立，采用 PLANE77 单元对实体模型进行单元划分，将轧辊的断面沿周向分成 180 份，每份对应的角度为 2°，由于轧辊表面附近温度变化较大，为了提高求解的精确度，本研究采用在轧辊表面进行密集的单元划分方式，其单元的划分如图 3-6 所示。

对于三维分析，由于轧辊的对称性，可以取 1/2 轧辊进行研究，采用 ANSYS/Multiphisics 有限元分析软件对轧辊温度场进行模拟分析。为了减少计算时间，沿周向划分 120 份，沿辊身长度划分 45 份，采用的单元是 SOLID70。其生成方法是首先建立二维分析模型，采用 PLANE77 单元对实体模型

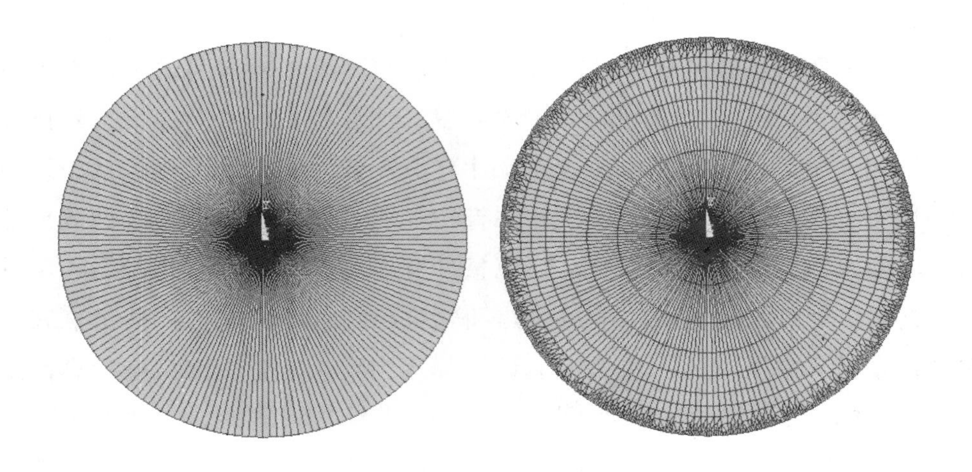

图 3-6 轧辊二维模型单元的划分

进行单元划分，然后沿轴向将 PLANE77 单元拖拉成 SOLID70 单元，其单元划分具体情况如图 3-7 所示。

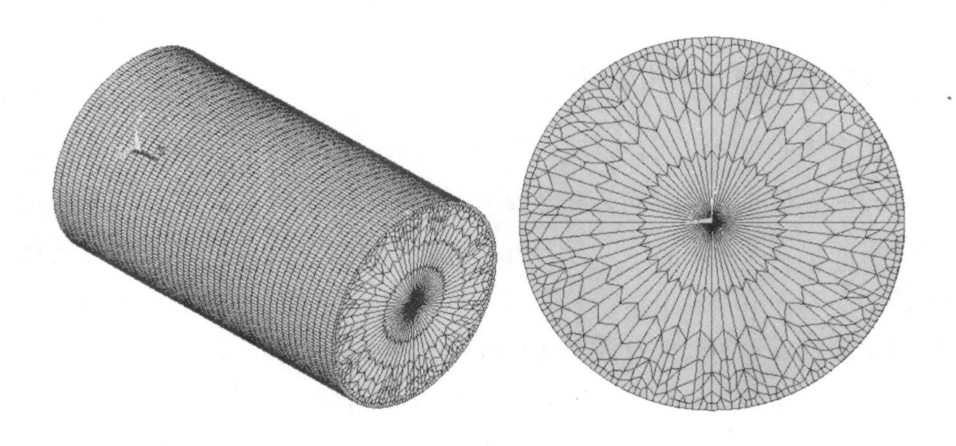

图 3-7 轧辊三维单元模型的划分

3.3.2 初始条件和边界条件处理

热传导方程描述的是温度与时间和空间的函数关系，只有引入初始条件和边界条件后才能进行求解。本研究假设轧辊初始温度是均匀的，热传导方程式（3-51）中有对时间的一阶偏导数，因此在求非稳态导热时可采用如下初始条件：

$$T(x,y,z,t=0)=T_0(x,y,z) \quad (\text{在}\ V\ \text{内}) \tag{3-56}$$

式中 V——体域；

T_0——$t=0$ 时的温度分布状态。

带钢冷轧过程中，轧辊的实际边界条件是相当复杂的，通常轧辊的边界热交换主要有以下几种形式：（1）轧件与轧辊接触热传导；（2）轧辊与喷射乳化液之间的对流换热；（3）轧辊与空气的对流和辐射换热；（4）乳化液喷淋区域与轧辊之间的换热；（5）工作辊与支撑辊（或中间辊）之间的接触换热。

正是由于这种复杂的热交换行为，增大了轧辊表面温度边界条件确定的难度，而边界条件的准确程度将对轧辊温度场产生较大的影响，如果不能给出真实的边界条件，那么就无法得到反映真实情况的温度场。为此，本研究采用实验结果与模拟相结合的方法来解决轧辊边界条件处理的难题。为了对轧辊的温度场进行模拟，根据不同的轧辊（工作辊、中间辊和支撑辊）情况，将轧辊表面划分为 6～11 个边界区域，图 3-8 给出了第 1～3 机架工作辊边界条件分区的一个典型例子。

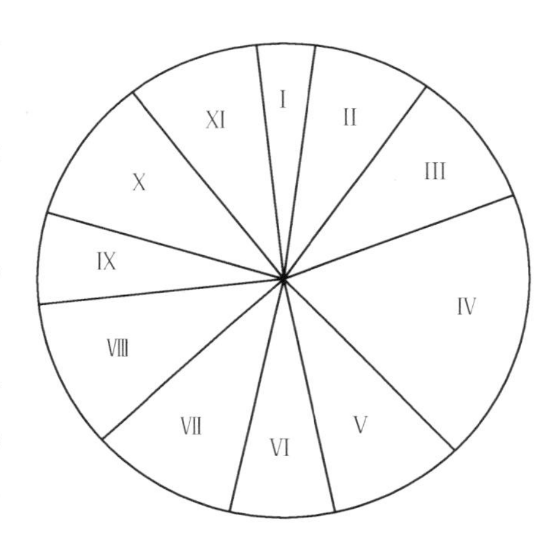

图 3-8 工作辊的边界条件分区示意图

对于第 1～3 机架工作辊而言，各区的具体边界条件描述如下：

（Ⅰ）工作辊与支撑辊之间的接触区域，相应的导热系数和支撑辊温度分别表示为 h_1、T_1，其中 h_1 由辊间接触导热计算给出。

（Ⅱ）工作辊与周围空气的对流传热区域，相应的传热系数和周围环境温度分别表示为 h_2、T_2，其中 h_2 由经验给出。

（Ⅲ）轧机入口乳化液喷嘴与工作辊之间的直喷对流传热区域，相应的传热系数和乳化液的温度分别表示为 h_3、T_3，其中 h_3 为直喷乳化液与工作辊之间的对流传热系数。

（Ⅳ）轧机入口乳化液与工作辊之间的喷淋对流传热区域，相应的传热系数和喷淋乳化液的温度分别表示为 h_4、T_4，其中 h_4 为喷淋乳化液与工作辊之间的对流传热系数。

（Ⅴ）轧机入口乳化液喷嘴与工作辊之间的直喷对流传热区域，相应的传热系数和乳化液的温度分别表示为 h_5、T_5，其中 h_5 为直喷乳化液与工作辊之间的对流传热系数。

（Ⅵ）工作辊与轧件之间的接触区域，相应的导热系数和轧件温度分别表示为 h_6、T_6，其中 h_6 由轧件与轧辊间接触导热计算给出。

（Ⅶ）轧机出口乳化液与工作辊之间的喷淋对流传热区域，相应的传热系数和喷淋乳化液的温度分别表示为 h_7、T_7，其中 h_7 为喷淋乳化液与工作辊之间的对流传热系数。

（Ⅷ）出口乳化液喷嘴与工作辊之间的直喷对流传热区域，相应的传热系数和喷射乳化液的温度分别表示为 h_8、T_8，其中 h_8 为直喷乳化液与工作辊之间的对流传热系数。

（Ⅸ）轧机出口乳化液与工作辊之间的喷淋对流传热区域，相应的传热系数和喷淋乳化液的温度分别表示为 h_9、T_9，其中 h_9 为喷淋乳化液与工作辊之间的对流传热系数。

（Ⅹ）出口乳化液喷嘴与工作辊之间的直喷对流传热区域，相应的传热系数和喷射乳化液的温度分别表示为 h_{10}、T_{10}，其中 h_{10} 为直喷乳化液与工作辊之间的对流传热系数。

（Ⅺ）工作辊与周围空气的对流传热区域，相应的传热系数和周围环境温度分别表示为 h_{11}、T_{11}，其中 h_{11} 由经验给出。

对于第 5 机架工作辊，图 3-9 给出了其边界条件分区情况，各区的具体边界条件描述如下：

（Ⅰ）工作辊与支撑辊之间的接触区域，相应的导热系数和支撑辊温度分别表示为 h_1、T_1，其中 h_1 由辊间接触导热计算给出。

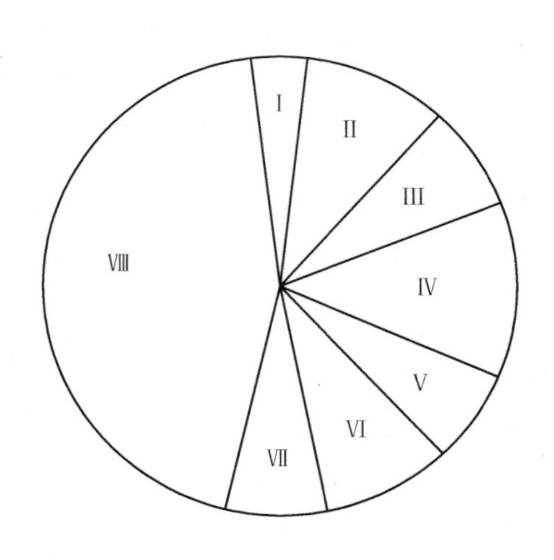

图 3-9　第 5 机架工作辊的边界条件分区示意图

（Ⅱ）轧机入口乳化液喷嘴与工作辊之间的直喷对流传热区域，相应的传热系数和喷射乳化液的温度分别表示为 h_2、T_2。

（Ⅲ）轧机入口乳化液与工作辊之间的喷淋对流传热区域，相应的传热系数和喷淋乳化液的温度分别表示为 h_3、T_3，其中 h_3 为喷淋乳化液与工作辊之间的对流传热系数。

（Ⅳ）轧机入口乳化液喷嘴与工作辊之间的直喷对流传热区域，相应的传热系数和喷射乳化液的温度分别表示为 h_4、T_4。

（Ⅴ）轧机入口乳化液与工作辊之间的喷淋对流传热区域，相应的传热系数和喷淋乳化液的温度分别表示为 h_5、T_5，其中 h_5 为喷淋乳化液与工作辊之间的对流传热系数。

（Ⅵ）轧机入口乳化液喷嘴与工作辊之间的直喷对流传热区域，相应的传热系数和喷射乳化液的温度分别表示为 h_6、T_6。

（Ⅶ）工作辊与轧件之间的接触区域，相应的导热系数和轧件温度分别表示为 h_7、T_7，其中 h_7 由轧件与轧辊间接触导热计算给出。

（Ⅷ）工作辊与周围空气的对流传热区域，相应的传热系数和周围环境温度分别表示为 h_8、T_8，其中 h_8 由经验给出。

对于第5机架中间辊以及其他机架而言，轧辊边界分区情况与上述相似，具体的边界分区情况如图3-10所示，由于其边界情况与前面的情况类似，所以在此就不再重复了。

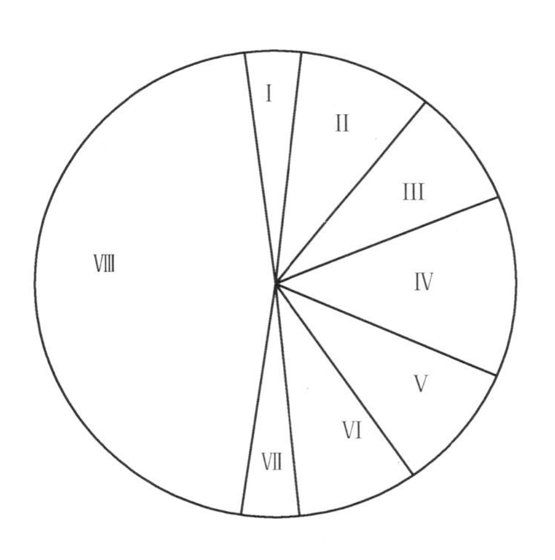

图3-10　第5机架中间辊的边界条件分区示意图

以上给出了轧辊温度场二维边界条件的处理，对于轧辊三维温度场的计算，为了简化计算，将轧辊的换热边界条件视为对称的，仅对一半轧辊进行研究，这时采用的具体边界条件描述如下：

（1）轧辊与轧件的接触变形区。在轧件与工作辊接触变形区范围内，轧件与轧辊的接触传热区，即在 $r=\frac{D_1}{2}$、$\alpha \leqslant \theta \leqslant 0$、$-\frac{L}{2} \leqslant z \leqslant \frac{L}{2}$ 处有：

$$-k\frac{\partial T}{\partial n}=h_{\mathrm{cont}}(T_{\mathrm{m}}-T) \tag{3-57}$$

式中 D_1——轧辊外径，mm；

L——轧件的长度，mm；

α——轧件与轧辊的接触角度，rad；

k——导热系数，W/(m · K)；

T_{m}——与轧辊接触的轧件的温度,℃；

h_{cont}——轧件与轧辊之间的接触传热系数，W/(m^2 · K)。

（2）轧辊中心对称面。在 $z=0$ 处，其两侧温度对称分布，在对称面上没有热量交换，故可以认为对称面为热通量 $Q=0$ 的绝热边界条件，即在 $z=0$ 处有：

$$\frac{\partial T}{\partial z}=0 \tag{3-58}$$

（3）轧辊端面。在 $z=\frac{L}{2}$处，轧辊的端面除与辊径衔接部分以外其余为自由表面，其通过辐射和对流与外界进行热交换，而与辊径相接触的部分主要通过热传导方式进行热交换，因此，在 $z=\frac{L}{2}$ 处有：

对于自由表面

$$-k\frac{\partial T}{\partial z}=h_{\mathrm{conv}}(T-T_{\infty})+h_{\mathrm{rad}}(T-T_{\infty}) \tag{3-59}$$

$$h_{\mathrm{rad}}=\sigma\varepsilon(T^2-T_{\infty}^2)(T+T_{\infty}) \tag{3-60}$$

对于与辊径接触部分

$$-k\frac{\partial T}{\partial z}=h_{\mathrm{cont}}(T-T_{\mathrm{dam}}) \tag{3-61}$$

式中 h_{conv}——气体自然对流传热系数，W/(m^2 · K)；

h_{cont}——轧辊与辊径接触传热系数，W/(m^2 · K)；

h_{rad}——辐射传热系数，W/(m^2 · K)；

T_{∞}——空气的温度,℃；

T_{dam}——辊径的温度,℃；

σ——斯蒂芬-玻耳兹曼常数，其值为 5.67×10^{-8}W/(m^2 · K^4)；

ε——物体的表面黑度。

（4）工作辊与支撑辊接触区。工作辊与支撑辊接触区边界条件为：

$$-k\frac{\partial T}{\partial n}=h_{\mathrm{rcont}}(T-T_{\mathrm{br}}) \tag{3-62}$$

式中　T_{br}——支撑辊温度,℃；

h_{rcont}——支撑辊与工作辊之间的传热系数，W/(m^2·K)。

（5）工作辊与空气冷却区。在该区范围内，轧辊与空气之间为自然对流传热，其边界条件如下：

$$-k\frac{\partial T}{\partial n}=h_{\mathrm{air}}(T-T_{\mathrm{air}}) \tag{3-63}$$

式中　T_{air}——周围环境空气的温度,℃；

h_{air}——轧辊表面与空气的传热系数，W/(m^2·K)。

（6）轧辊与乳化液之间的换热。轧辊与乳化液之间的传热属于对流传热，所以可采用下式表示：

$$-k\frac{\partial T}{\partial n}=h_{\mathrm{ws}}(T-T_{\mathrm{ws}}) \tag{3-64}$$

式中　T_{ws}——乳化液的温度,℃；

h_{ws}——乳化液与轧辊之间的对流传热系数，W/(m^2·K)。

对于第5机架的中间辊、支撑辊以及其他机架的工作辊、中间辊和支撑辊的温度计算的边界条件处理方法与此类似，在此不再重复。

对于轧辊温度场的求解，采用周期性的边界条件，假设热载荷不随时间变化，但其作用位置随时间而改变，即绕轧辊外表面旋转，令轧辊外表面转动的线速度为v_{r}，对应于每一时间增量Δt，辊面移动的距离为$v_{\mathrm{r}}\Delta t$。这样轧辊外表面上每一边界节点在每一周期内均处于上述给定的几种边界状态，轧辊的边界条件随着时间步长$\Delta\tau$的增加而移动，这个过程随着时间的增加而反复进行，直到到达给定的时间为止。

3.3.3　模拟条件

本研究以现场冷轧生产线和RAL四辊可逆式冷轧机为背景，根据现场和实验室轧制的具体情况，对轧辊温度场进行有限元模拟，以第2章中对带钢温度计算结果为基础，选取相应的轧制工艺条件对轧辊的温度场进行模拟。考虑轧辊的转动边界，轧辊表面在圆周方向与时间增量成比例移动，时间增量设定为在圆周方向一个网格转动所需要的时间，本研究考虑到计算量的可行性，将轧辊沿圆周方向分成 180 份，这样时间增量与轧辊转速 n 之间的关系为：$\Delta t = 1/(30n)$，对于不同的轧辊转速，该时间增量不同。用于轧辊温度场模拟的条件参数如表 3-1 和表 3-2 所示。

表 3-1　轧辊温度场模拟计算条件

参　数	符　号	数　值	参　数	符　号	数　值
轧辊转速/r·min^{-1}	n	80～200	带钢初始温度/℃	T_0	65
轧辊密度/kg·m^{-3}	ρ_r	7824	环境温度/℃	T_h	25
弹性模量/MPa	E	2.04×10^5	带钢密度/kg·m^{-3}	ρ_s	7871.9
泊松比	ν	0.3	线膨胀系数/℃$^{-1}$	λ	1.11×10^{-5}

表 3-2　现场轧辊规格、材质情况

单　位	序　号	轧辊名称	轧辊辊径/mm	辊身长度/mm	材　质
现场轧机	1	1～3 机架工作辊	445～550	1510	合金锻钢
	2	1～5 机架支撑辊	1150～1250	1350	复合铸钢
实验室	1	工作辊	105～110	300	9Cr2Mo
	2	支撑辊	315～325	300	铸钢

轧辊的材料是轧辊温度场模拟的关键参数，随着轧辊温度的不同，材料的热物性参数值也会随之改变。为了提高模拟计算的精度，作为温度函数的轧辊材质的几个主要热物性值的表达式如下：

轧辊导热系数[W/(m·K)]：

$$k_r = 42.284 + 1.6312\times10^{-2}T - 1.0191\times10^{-4}T^2 + 8.1981\times10^{-8}T^3 \tag{3-65}$$

轧辊的比热容[J/(kg·K)]：

$$c_r = 429.47 + 0.2575T - 5.0\times10^{-5}T^2 \tag{3-66}$$

带钢的导热系数[W/(m·K)]：

$$k_s = 60.324 - 3.0052\times10^{-2}T - 1.3509\times10^{-5}T^2 - 4.4298\times10^{-8}T^3 + 6.9362\times10^{-11}T^4 - 1.4611\times10^{-14}T^5 \tag{3-67}$$

带钢的比热容[J/(kg·K)]：

$$c_s = 478.41 + 5.8382\times10^{-2}T + 7.0509\times10^{-4}T^2 \tag{3-68}$$

3.4 模拟结果分析

3.4.1 轧辊初始温度对轧辊温度场的影响

冷轧过程中，换辊是生产中不可缺少的环节。生产中，为了尽可能缩短冷辊的不利影响，一般采用工作辊预热的方法。本研究旨在定量给出不同工作辊预热温度对轧辊温度达到动态平衡状态时间的影响，用于指导工作辊的预热以及找到合适的工作辊预热温度。

本模拟采用的其他模拟条件为：轧辊转速为80r/min，根据第2章的计算结果，带钢的温度为88℃，接触弧长对应的圆周角为10°，轧件输入轧辊的名义对流传热系数为7559W/(m^2·K)；工作辊与支撑辊的接触角度为6°，两者接触传热系数为1315W/(m^2·K)；直喷区对流传热系数为4717W/(m^2·K)，喷淋区为1300W/(m^2·K)，乳化液温度为50℃，工作辊预热的初始温度分别为25℃、35℃、45℃、55℃。图3-11所示为不同初始温度下轧辊的温度分布。

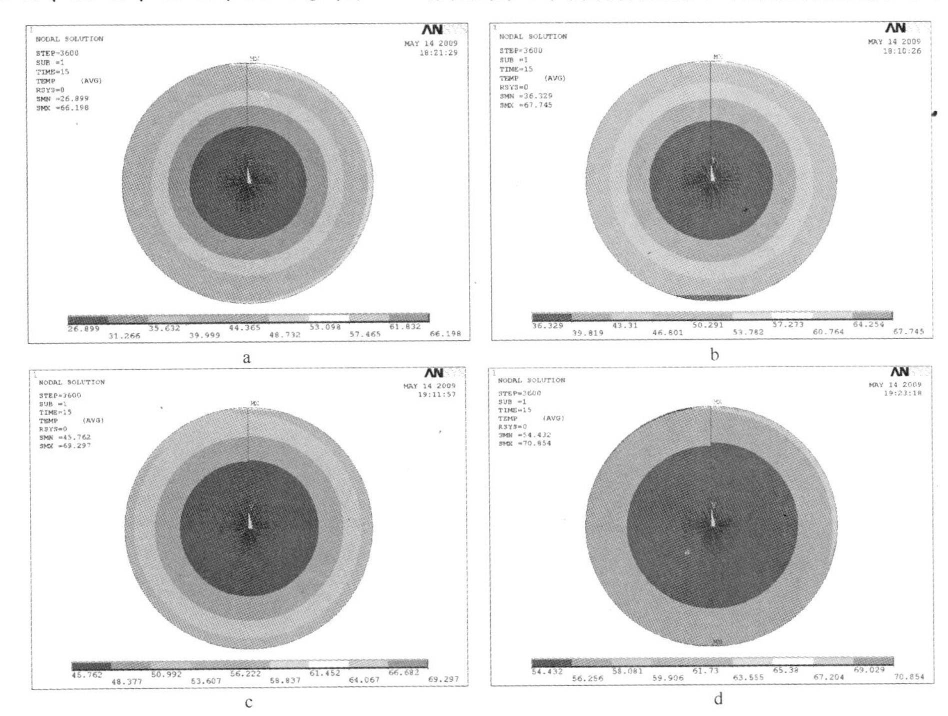

图3-11 不同轧辊初始温度下轧辊轧制20圈后的温度分布

a—25℃；b—35℃；c—45℃；d—55℃

由图 3-11 可以看出，随着轧辊初始温度的升高，轧辊的温度逐渐趋于均匀，达到平衡的时间缩短，轧辊与带钢之间的温度梯度变小，这就有利于带钢板形和热凸度的控制。

3.4.2 轧制变形程度对轧辊温度场的影响

变形区内轧件的温度是影响轧辊温度场的直接因素。为了达到合理地控制辊温的目的，合理控制道次变形程度是一个有效的手段。

根据第 2 章带钢温度的计算结果，在其他模拟条件不变的条件下，研究不同变形程度条件下轧辊的温度场变化情况。

图 3-12 给出了两种不同变形程度情况下，轧辊温度达到平衡状态后，轧辊横截面上的温度分布情况。从图中可以看出，带钢温度为 88℃时，轧辊的最低温度为 54℃，最高温度为 71℃；而带钢温度为 138℃时，轧辊的最低温度为 64℃，最高温度为 92℃。可见，随着带钢温度的上升，轧辊的温度不均匀性增大，达到热平衡的时间也会大大延长。

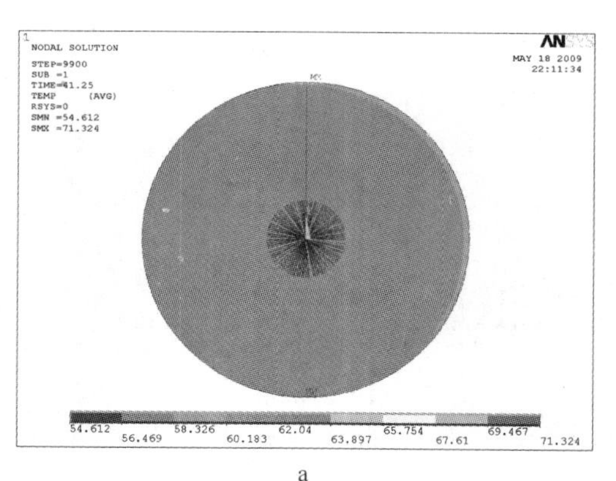

a

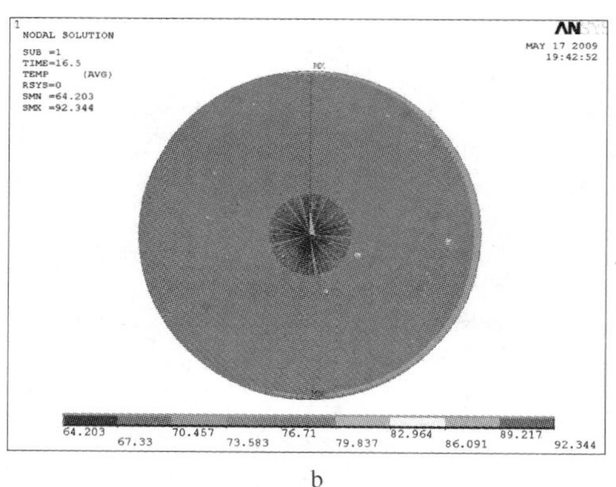

b

图 3-12　不同变形程度下轧辊平衡状态下的温度分布

a—88℃；b—138℃

4 冷轧润滑实验研究及模拟结果验证

4.1 冷轧润滑实验研究平台的建立

摩擦和润滑是冷轧过程的关键技术，在轧制过程中起着十分重要的作用。它不仅可以提高带钢表面质量、控制带钢的板形、降低轧制功率消耗和延长轧辊寿命，而且是能否实现轧机高速轧制和提高轧机产量的关键。目前我国在轧制润滑机理研究、轧制油的开发、使用和润滑系统的设计等方面与国外差距较大，要想达到国外的先进水平，实现自主集成和自主创新，必须建立自己的轧制润滑理论体系，为了实现这个目标，必须建立冷轧润滑实验研究平台，为实验和理论研究创造条件。

轧制技术及连轧自动化国家重点实验室（RAL）对现有四辊可逆式冷轧机进行全面改造，将现有轧机的减速机去除，采用直接传动方式，为了适应轧制润滑对速度的要求，将轧制速度由2m/s提高到7m/s，对轧机的主电机和卷取机电机进行了更换；前后卷取机的密封进行更换，将前后导板去掉，更换弯辊密封，去掉除油辊，轧辊轴承采用进口轴承等。改造后轧机的主要技术参数如表4-1所示。

表4-1 RAL冷轧机技术参数

序　号	项 目 名 称	技 术 参 数
1	轧机形式	4-high
2	驱动形式	工作辊
3	压下方式	机械+液压
4	工作辊直径/mm	ϕ110～105
5	支撑辊直径/mm	ϕ325～315
6	主电机功率/kW	400
	转速/$r \cdot min^{-1}$	750/1600

续表 4-1

序　号	项 目 名 称	技 术 参 数
7	卷取机功率/kW	200-DC×2
	转速/r·min^{-1}	1500/2400
8	轧制力/kN	最大 1000
9	轧制速度/m·s^{-1}	0～7
10	新辊时最大开口度/mm	6
11	卷筒外径/mm	ϕ300
12	带钢宽度/mm	最大 220
13	入口厚度/mm	最大 3.0
14	最大卷重/kg	250
15	工作辊最大弯辊力（正、负）/kN	20
16	卷取张力/kN	2.5～20

乳化液循环系统技术参数如表 4-2 所示，乳化液喷射压力保持稳定，不因带钢宽度变化而改变。

表 4-2　乳化液循环系统技术参数

序　号	项 目 名 称	技 术 参 数
1	槽体体积/m^3	2.0
2	过滤方式	磁性过滤器
3	流量/L·min^{-1}	最大 200
4	加热温度	根据需要选择
5	乳化液浓度	根据需要选择
6	喷射压力/MPa	0.4～0.7
7	喷射角度	根据需要可调
8	搅拌装置	双叶轮

为了在实验室冷轧机上实现冷轧润滑的实验研究，建立了新的冷轧润滑系统，首先进行了乳化液流量的确定。对于现代化的采用轧辊分段冷却的冷轧机而言，其乳化液的用量为每千瓦主电机功率 1～2L/min，而原有设计轧机速度为 2m/s，主电机功率为 110kW，改造后的电机功率为 400kW，最高轧制速度为 7m/s，但是考虑卷重的限制，该速度只能维持几秒钟的时间，实际稳定轧制速度通常为 4m/s，因此电机实际使用功率通常在 250kW 左右，根据上述理论设计的流量为 250～500L/min。考虑到实验室轧制时，由于轧制时间短，轧辊温度的变化很小，这样就无需采用乳化液对轧辊冷却，而通常用于冷却的乳化液流量达到 60%，这样在实验室的条件下，乳化液的流量可以选择 100～200L/

min，考虑一定的余量，本设计选择乳化液的流量为200L/min。

根据上述流量设计要求，并考虑现场使用的乳化液需要进行循环，以达到合适的剪切状态，一般应保证循环时间在8～10min，因此，乳化液箱子体积不能低于1.6m^3，而在实验室内的实际轧制时间远远少于10min，鉴于此，考虑到工艺的要求，只能在没有轧制时就将乳化液投入，达到循环时间，同时还可对轧辊进行一定的预热，基本达到现场的要求，所以决定乳化液箱子的体积设计为2.0m^3。

在轧机的工作辊以及工作辊与支撑辊之间各配置了一个喷梁，各喷梁上等距离分布有三个喷嘴，用于轧制时向辊缝处喷射乳化液。乳化液系统必须选择合适的喷嘴，同时喷射前要对喷射压力以及喷射角度进行调节，选择最优的喷射工艺参数。喷到轧件上的乳化液会流入轧机底座的回收槽中，并最终通过回收管路回到乳化液箱。由于轧制时轧辊对轧件的研磨作用，会有一部分的铁粉从带钢表面脱落而跟随乳化液回流到乳化液箱中，而对乳化液造成污染。因此，乳化液箱配有一个磁过滤器用以吸附乳化液中的铁屑，一个精滤器用以过滤其他杂质，以减少对润滑过程的不利影响，同时也有利于提高轧后带钢表面清洁度。

在乳化液箱中共有6个加热器，可以根据需要加热乳化液至不同的温度。轧前要综合考虑乳化液的稳定性、均匀性、润滑性能及其冷却能力等因素，从而将乳化液加热到适宜的温度。

为了对轧制过程中润滑液的润滑效果进行评价，建立了计算机数据采集系统。该系统可实现下述参数的数据采集：轧制力、带钢入/出口速度（电机）、轧辊转速、辊缝、带钢入出/口厚度、主电机电流、卷取机电流、前/后张力，数据采集频率为1次/10ms。该系统配备的主要传感器及在线检测仪表如表4-3所示。

表4-3 主要传感器及在线检测仪表

序号	测量装置名称	数量	用途
1	压头	2	轧制力测量
2	张力测量仪	2	带钢张力测量
3	直线式辊缝仪	2	电动压下位置测量
4	SONY 磁尺	2	插入式辊缝测量

续表 4-3

序　号	测量装置名称	数　量	用　途
5	扭矩仪	2	扭矩测量
6	接触式测厚仪	2	带钢厚度测量
7	卷径测量仪	2	卷径测量
8	张力测量仪	2	卷径张力测量
9	温度传感器	2	乳化液温度
10	流量计	1	乳化液流量
11	光电编码器	3	电机及轧辊转速测量

该平台的建立不但为我们创造了全新的研究条件，而且扩大了国际交流与合作，使研究工作范围扩大，研究内容不断深化，有望在冷轧润滑的基础理论、新的润滑系统的建立及冷轧轧制油的开发与应用等方面有所突破，取得一些具有代表性的研究成果。

4.2　冷轧带钢与轧辊温度的对比实验

利用第 2 章给出的温度计算模型编制了带钢温度模拟分析计算软件，同样利用第 3 章中介绍的自行开发的轧辊温度模拟计算软件对轧辊的温度进行模拟计算。为了验证软件的计算精度，本研究进行了实验室轧制实验，实验在所建立的冷轧实验研究平台上进行。在实验中，利用数据采集系统对于轧制过程中的相关参数进行记录采集，最后将实验中测得的带钢和轧辊温度与软件计算结果进行对比分析。

为了保证冷轧过程的顺利进行，在冷轧实验前做如下准备工作：

（1）轧辊的准备。考虑到本实验中要采集一些润滑方面的数据，而轧辊表面粗糙度作为润滑实验的重要数据是必不可少的，为了便于实验后的数据分析对比，在实验前对工作辊进行了磨削加工，加工后的工作辊表面粗糙度保持在 0.5μm，并测量了带钢表面粗糙度为 1.13μm。

（2）乳化液的配制。本实验采用某公司提供的轧制油，去离子水由洗化剂厂购买，配制乳化液浓度为 2.0%，加热温度为 50℃，工作辊的喷射流量为 1.0m^3/h，支撑辊的流量为 0.3m^3/h。

（3）实验原料。本研究采用普碳钢带卷为原料，具体情况如表 4-4 所示。

表 4-4　实验用钢卷的具体情况

钢　种	规格/mm × mm	内径/mm	重量/kg	屈服强度/MPa	原料状态
普碳钢	2.0 × 120	500	120 ~ 150	≥182	退火酸洗卷

针对实验用钢的性能特点，结合实验轧机的能力，通过轧前的设备校核计算，考虑带钢长度的具体情况进行各个道次速度的设定。本研究采用 6 道次的模拟轧制实验，工艺规程设定如表 4-5 所示。

表 4-5　冷轧实验轧制规程

道　次	入口厚度/mm	出口厚度/mm	入口张力/MPa	出口张力/MPa	轧制速度/m · s^{-1}	压下率/%
1	2.0	1.8	75	75	0.2	10
2	1.8	0.95	75	75	0.5	43
3	0.95	0.55	80	80	2	42
4	0.55	0.35	80	80	4	36
5	0.35	0.24	85	85	7	31
6	0.24	0.17	85	85	0.5	29

实验中进行三组轧制测温实验，在轧制过程中，除需计算机系统采集轧制力、电流等数据外，还需在现场临时测量以及记录一些数据，如各道次带钢表面粗糙度、带钢轧前和轧后温度、轧辊温度、乳化液温度、带钢厚度以及乳化液流量等。

根据表 4-5 中拟定的轧制规程进行实验室轧制实验，考虑乳化液温度对于出口辊缝处测量温度的影响，在出口处不喷射乳化液，为了保证润滑和冷却，在入口处喷射乳化液。对轧制过程中的数据进行采集，具体的结果如表 4-6 所示。

表 4-6　每个道次轧制后采集的相关数据

道次	轧制力 /kN	乳化液温度/℃	轧后带钢厚度/mm	轧后带钢温度/℃	轧前轧辊温度/℃	轧后轧辊温度/℃	轧后带钢表面粗糙度/μm	
							上表面	下表面
1	181	54.46	1.79	42.1	30.9	38.6	0.665	0.78
2	464	51.42	0.93	104.5	35.4	65.5	0.742	0.708
3	451	49.5	0.55	90.9	53.8	62.7	0.684	0.708
4	365	48.9	0.34	85.6	51.4	59.5	0.725	0.788
5	331	48	0.24	80.2	49.1	55.2	0.762	0.726
6	239	50.06	0.17	57.9	44.4	49.6	0.705	0.767

利用自行开发的冷轧带钢温度场模拟计算软件对带钢的温度进行模拟计算，得到每个道次带钢的实际检测值与模拟计算结果的对比情况如图 4-1 所示。

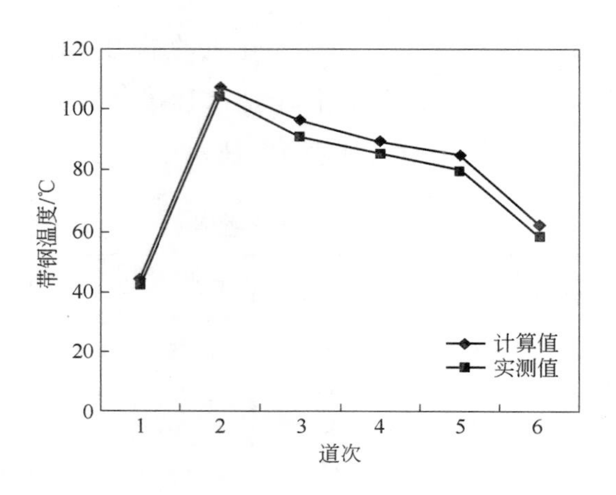

图 4-1 轧后带钢温度的计算值与实测值的对比

由图 4-1 可见，利用本研究所开发的带钢温度模拟计算软件的计算值与实测值吻合较好，实测值与计算值的最大误差为 6. 9%，最小误差为 2. 9%，说明该软件能够比较准确地预测带钢在轧制过程中的温度。

利用自行开发的轧辊温度模拟计算软件对轧辊的温度进行模拟计算，得到的每个道次工作辊温度的实测值与模拟计算值的对比情况如图 4-2 所示。

由图 4-2 可见，利用本研究所开发的轧辊温度模拟计算软件的计算值与

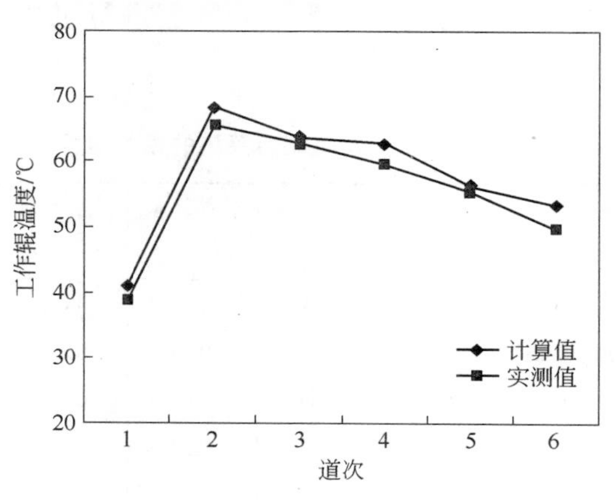

图 4-2 工作辊温度的计算值与实测值的对比

实测值吻合较好，实测值与计算值的最大误差为7.2%，最小误差为1.4%，说明该软件能够比较准确地预测冷轧过程中轧辊的温度。

4.3 油膜厚度与摩擦系数关系的对比实验

4.3.1 冷轧实验原料及轧制工艺规程

为了研究冷轧润滑机理，验证入口区最小油膜厚度模型以及摩擦系数与油膜厚度的关系，在RAL国家重点实验室进行了冷轧润滑实验。实验过程中，分别采用A、B两种轧制油对SUS430不锈钢进行轧制，利用数据采集系统对轧制过程中的轧制力、张力、轧制速度等参数进行采集，同时对带钢和轧辊的表面粗糙度以及轧辊和带钢的温度进行测量。实验用不锈钢带卷的参数如表4-7所示。

表4-7 实验用不锈钢带卷的参数

钢 种	规格/mm×mm	内径/mm	重量/kg	屈服强度/MPa	原料状态
430	3.0×120	508	120~150	≥205	退火酸洗卷

针对现场五机架冷连轧机组的特点，本研究采用5道次的模拟轧制实验，具体的方案如表4-8所示。

表4-8 SUS430轧制工艺规程

道 次	厚度/mm	压下量/%	变形抗力/MPa	带钢宽度/mm	张力/MPa		轧制速度/m·s^{-1}	
					前	后	低	高
0	3.0		370	120				
1	2.5	16.7	820	120	40	35	0.2	0.2
2	2.0	20.0	900	120	40	35	0.5	0.5
3	1.5	25.0	940	120	40	35	0.5	1
4	1.1	26.7	1000	120	50	40	0.5	2
5	0.9	18.2	1110	120	55	50	0.5	3

4.3.2 油膜厚度的影响因素分析

4.3.2.1 黏度对油膜厚度的影响

关于黏度对油膜厚度的影响，已经有很多文献报道。D. Dowson[54]认为最小油膜厚度与常温黏度的0.7次幂呈比例，实验和假设条件的不同，可能得出的结论有所不同，但大致趋势是一致的。

为了模拟计算各个因素对油膜厚度的影响，将模拟计算使用的参数列于表4-9中，采用单变量法（只改变一个参数，其他参数保持不变）分析各个参数对最小油膜厚度的影响。

表4-9 理论计算使用的参数

参数名称	参数值	参数名称	参数值
润滑油黏度/Pa·s	0.42	轧辊半径/mm	55
黏压系数/Pa^{-1}	2.0×10^{-8}	带钢入口厚度/mm	2.3
黏温系数/K^{-1}	0.04	带钢出口厚度/mm	1.6
变形抗力/MPa	570	带钢入口速度/$m\cdot s^{-1}$	3.5
压下率/%	40.0	工作辊速度/$m\cdot s^{-1}$	5
前张力/MPa	80.0	后张力/MPa	80.0
润滑油密度/$kg\cdot m^{-3}$	890	润滑油热导率/$W\cdot(m\cdot K)^{-1}$	0.128
润滑油比热容/$J\cdot(kg\cdot K)^{-1}$	2000		

图4-3给出了本实验条件下黏度对油膜厚度的影响规律。由图可以看出，在其他条件不变的情况下，随着常温黏度的增加，油膜厚度增加，特别是在黏度小于0.4Pa·s时，黏度对油膜厚度影响较大。

4.3.2.2 轧制速度对油膜厚度的影响

考虑温度对油膜厚度的影响时，轧制速度对油膜厚度的影响如图4-4所示。

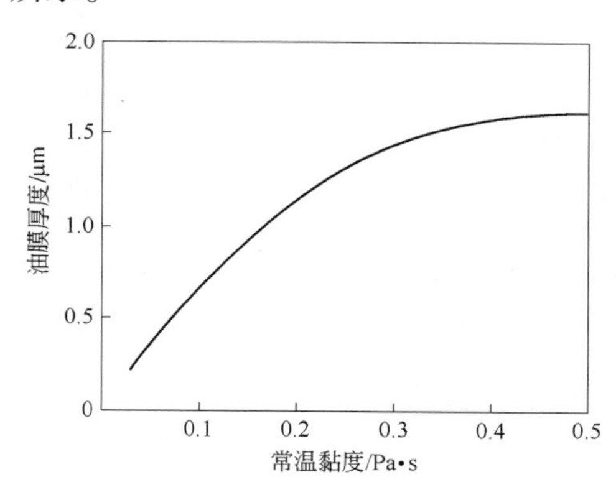

图4-3 黏度对油膜厚度的影响

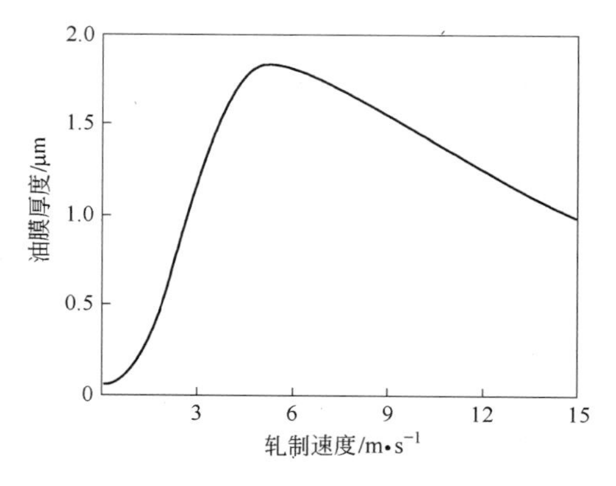

图4-4 轧制速度对油膜厚度的影响

由图 4-4 可见，轧制速度小于 5m/s（依润滑油的参数而定）时属于低速轧制，金属变形热、摩擦热和油膜剪切热通过影响黏度对油膜厚度的影响小于轧制速度对油膜厚度的影响，所以油膜厚度增加。当轧制速度增加到一定值后，轧制速度对油膜厚度的影响小于以上热量对油膜厚度的影响，所以当轧制速度再增加时，油膜厚度出现减小趋势。这也是现场生产中，当轧制速度提高时，需要增加乳化液流量、降低工作辊与带钢表面温度的一个原因。

4.3.2.3 变形抗力与压下量对油膜厚度的影响

轧件的变形抗力对油膜厚度的影响如图 4-5 所示。从图中可以看出，当变形抗力从 300MPa 增加到 800MPa 时，油膜厚度从 1.605μm 减小到 1.55μm，可见随着带钢变形抗力的增加，油膜厚度有一定减小。这主要是由于随着轧制力增大，进入收敛楔形间隙中的油滴数量减少，但是这一影响并不是很大，因为随着轧材变形抗力的增加，根据黏压效应，轧制油的黏度增加，有利于油膜的形成。

压下量对油膜厚度的影响如图 4-6 所示。由图可见，随着压下量的增加，入口楔形角增加，接触弧长度增加，将会导致油膜厚度减小。此外，大的压下量使前后滑区增加，进入到变形区的润滑油由于带钢延伸量的增加使厚度减小。因此，在轧制规程设定时，压下量不能过大，以避免出现欠润滑，出现热划伤等缺陷。

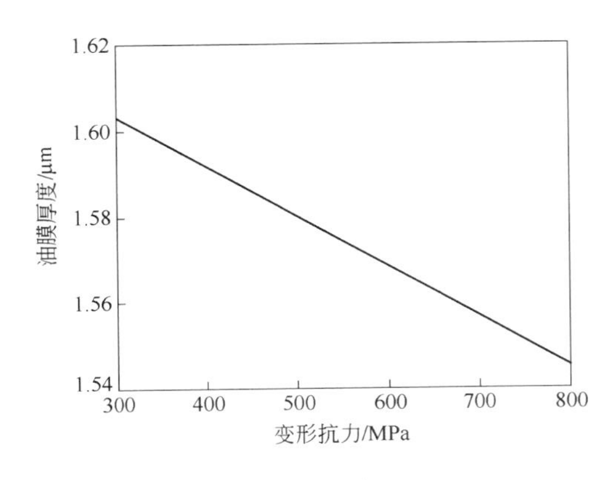

图 4-5 变形抗力对油膜厚度的影响

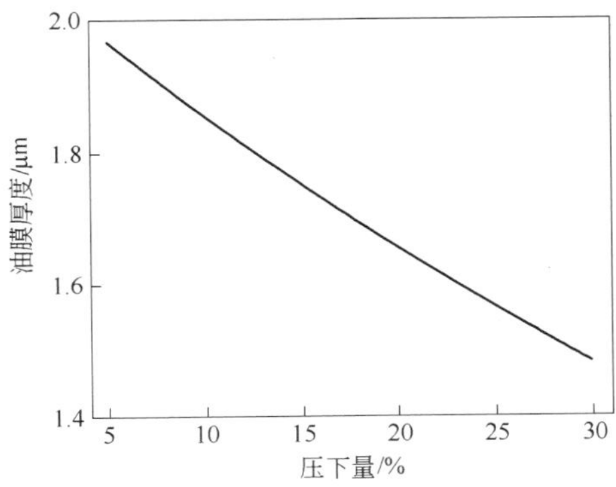

图 4-6 压下量对油膜厚度的影响

4.3.3 摩擦系数与油膜厚度的关系

大量现场实验表明，随着轧制速度的升高，摩擦系数减小，进而使轧制力减小。当人们试图建立摩擦系数与轧制速度之间的关系数学模型时发现，除了轧制速度以外，轧制过程的压下量、轧制油黏度、带钢的变形抗力等因素对摩擦系数都有影响。而这些因素对摩擦系数的影响都可归结到油膜厚度对摩擦系数的影响上来。因此，本研究主要研究摩擦系数与油膜厚度的关系。在计算油膜厚度时，考虑温度的影响。

图 4-7 给出了采用轧制油 A 轧制 SUS430 时，第 4 道次轧制过程中轧制力与速度之间的变化关系。

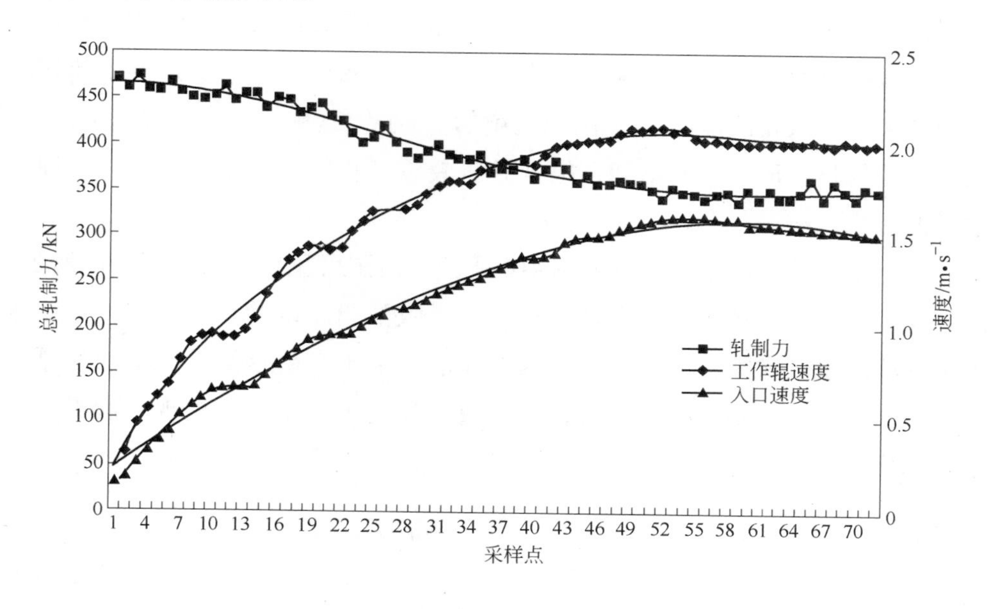

图 4-7 加速轧制过程中轧制力与速度的关系

从图 4-7 中可以看出，随着轧制速度的增加轧制力逐渐减小，说明轧制时摩擦系数与油膜厚度都在发生变化。

为了建立摩擦系数与最小油膜厚度的关系，根据轧制油供应商提供的 A 油相关物性参数以及拉伸实验测得的变形抗力和轧制工艺参数列于表4-10中。

根据图 4-7 和表 4-10 中的数据，利用本章的数学模型计算，得出与图 4-7 对应的加速轧制过程中油膜厚度与摩擦系数的关系如图 4-8 所示。

表 4-10 模型计算使用的参数

参数名称	参数值	参数名称	参数值
润滑油黏度/Pa·s	0.42	轧辊半径/mm	55
黏压系数/Pa^{-1}	2.0×10^{-8}	带钢入口厚度/mm	1.1
黏温系数/K^{-1}	0.04	带钢出口厚度/mm	0.9
变形抗力/MPa	650	带钢入口速度/$m\cdot s^{-1}$	图 4-7
压下率/%	26.7	工作辊速度/$m\cdot s^{-1}$	图 4-7
前张力/MPa	50	后张力/MPa	40
润滑油密度/$kg\cdot m^{-3}$	890	润滑油热导率/$W\cdot(m\cdot K)^{-1}$	0.128
润滑油比热容/$J\cdot(kg\cdot K)^{-1}$	2000	轧制力/kN	图 4-7

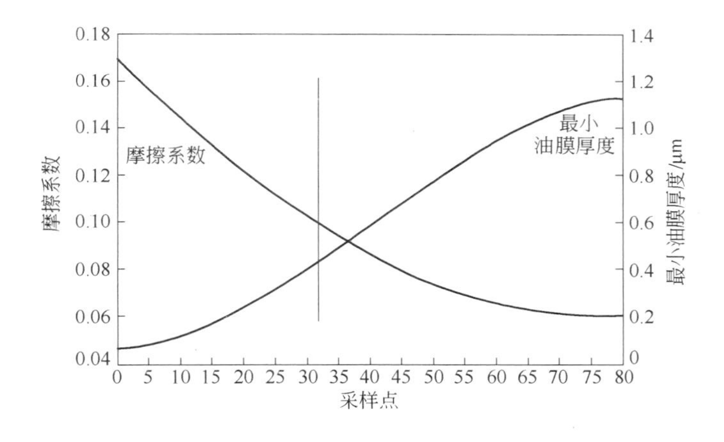

图 4-8 最小油膜厚度与摩擦系数之间的关系曲线

由图 4-8 可见，随着轧制速度的提高，油膜厚度增加，流体润滑比例增大，边界润滑比例减小，摩擦系数减小。当主机速度达到 1.6m/s 时，油膜厚度增加到 0.4μm，此时 Hill 摩擦系数减小到 0.1，由边界润滑转变为混合润滑。现场轧机的轧制速度通常很大，所以摩擦系数在 0.01 ~0.1 之间，属于混合润滑。

通过图 4-8 还可以建立油膜厚度与摩擦系数之间的数学关系，用油膜厚度来计算摩擦系数的变化。有人已经进行了这方面的研究工作，但是文献中给出的油膜厚度计算模型中没有考虑温度对油膜厚度的影响，尤其是在采用高速轧制时会产生很大的误差。对于图 4-8 中给出的油膜厚度与摩擦系数关系，拟合后的结果如图 4-9 所示。

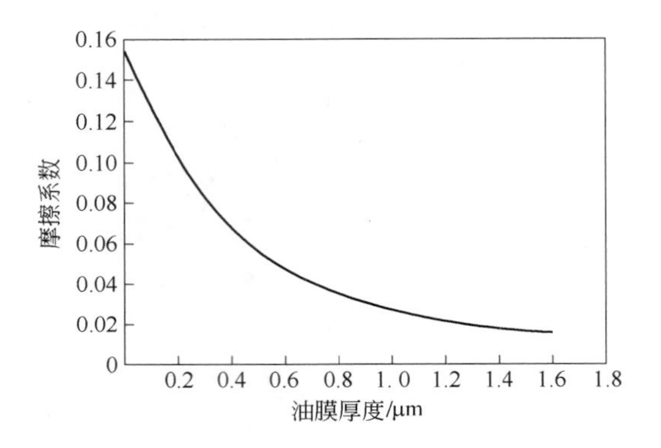

图 4-9 拟合后油膜厚度与摩擦系数的关系

通过大量的现场实验，在研究了冷连轧机高速轧制过程中油膜厚度模型与摩擦系数返算方法的基础上，通过回归分析得到的摩擦系数模型如下：

$$\mu = 0.012 + 0.142e^{-2.43\xi_0} \tag{4-1}$$

由图 4-9 可以看出，摩擦系数随着油膜厚度的增加而降低，油膜厚度在 0.25 ~ 0.7 之间时，摩擦系数下降的最快，这一区间一般认为是由边界摩擦向液体摩擦转变的过渡阶段。当油膜厚度大于 1.0 时，摩擦系数下降的比较缓慢，这时变形区内主要以液体摩擦为主，摩擦力的大小主要取决于润滑油膜的剪切应力。

4.3.4 润滑状态的判定

常用的判定润滑状态的方法有摩擦系数和 Stribeck 曲线。

按照摩擦系数的不同，摩擦状态可以分为以下四类：干摩擦，$\mu<1$；边界摩擦，$\mu=0.1\sim1$；混合润滑，$\mu=0.01\sim0.1$；流体润滑，$\mu=0.001\sim0.01$。一般轧制润滑属于边界润滑或混合润滑。

润滑状态的判别较常见的是利用 Stribeck 曲线，在 Stribeck 曲线中，横坐标中的 η 为润滑油黏度，u 为相对速度，p 为单位压力，如图 4-10 所示。

由图 4-10 可以看出，当 $\eta u/p$ 较小时，摩擦系数较大，属于边界润滑。随着 $\eta u/p$ 的增加，摩擦系数减小，转变为混合润滑状态。当 $\eta u/p$ 继续增大时，摩擦系数开始增加，转变为流体润滑状态。为了判断轧制油 A 和轧制油 B 在实验室轧制 SUS430 时的润滑状态，通过对每个轧制道次在稳定轧制时的

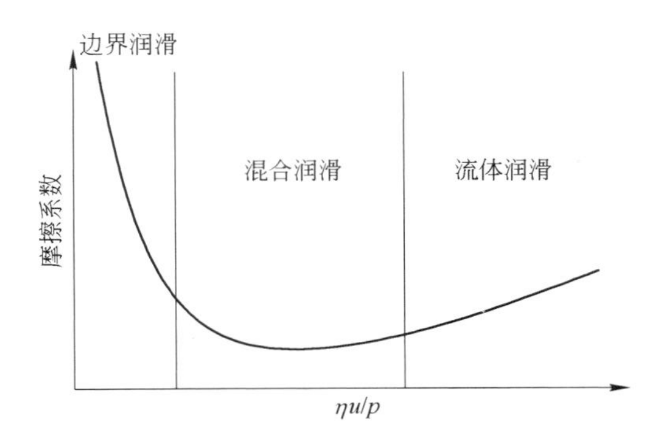

图 4-10 Stribeck 曲线

摩擦系数和 $\eta u/p$ 进行计算，然后建立二者的相互关系，如图 4-11 所示。

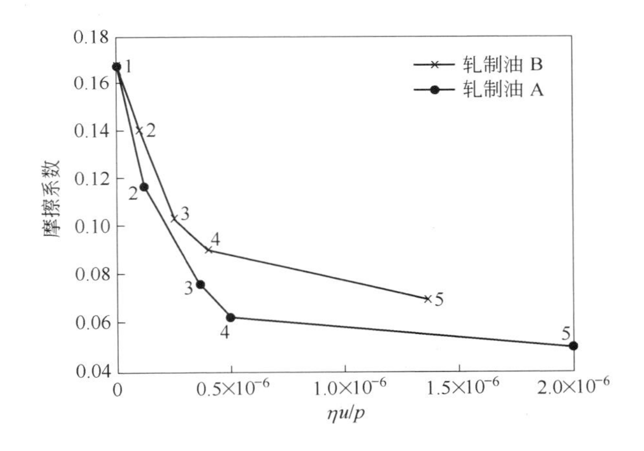

图 4-11 计算得到的 Stribeck 曲线

由图 4-11 可以看出，对于前三个道次，由于轧制速度比较低（一道次速度 0.2m/s，二道次 1.0m/s，三道次 2.0m/s），所以摩擦系数比较大，属于边界润滑状态；对于后两个道次，轧制速度逐渐提高，摩擦系数逐渐减小，轧制过程进入混合润滑状态。此外，从图中可以看出，轧制油 A 的 Stribeck 曲线位于轧制油 B 下面，说明轧制油 A 的润滑性能要好于轧制油 B。

4.4 现场轧制实验结果分析

4.4.1 带钢温度场计算值与实测值的对比分析

为了与现场生产数据进行对比分析，对国内某厂的酸洗轧制联合机组中的轧制数据进行了跟踪测量。在采集现场数据时，轧制工艺参数我们以现场的操作室计算机屏幕的数据为准，从中提取出相应的工艺参数，并利用这些参数进行带钢温度的计算。

表4-11 给出了现场两个典型品种在第五机架出口带钢温度的检测值与按照相应工艺条件进行模拟计算值的比较情况。

表4-11　第五机架出口带钢温度检测值与计算值的对比

序　号	钢　种	轧制速度 /m·min^{-1}	入口厚度 /mm	出口厚度 /mm	温度/℃		误差/%
					测量值	计算值	
1	T4	1219	0.288	0.204	129.4	135.5	4.7
2	T4	1588	0.31	0.222	137.1	142.9	4.2
3	T3	1393	0.435	0.325	123.1	130.7	6.1
4	T3	1614	0.354	0.244	133.8	142.2	6.2

从表4-11 中的实测值和计算值的对比分析可以看出，计算值与实测值之间的最大误差为6.2%，说明计算值与实测值吻合较好。

4.4.2　轧辊温度场计算值与实测值的对比分析

图4-12 为现场生产 T4 和 T3 产品时，第五机架工作辊和中间辊温度的对比情况。由图可以看出，轧制不同的产品时，轧辊的温度存在一定的差别，工作辊温度差别较大，而中间辊温度差别相对小些，而且中间辊温度的变化

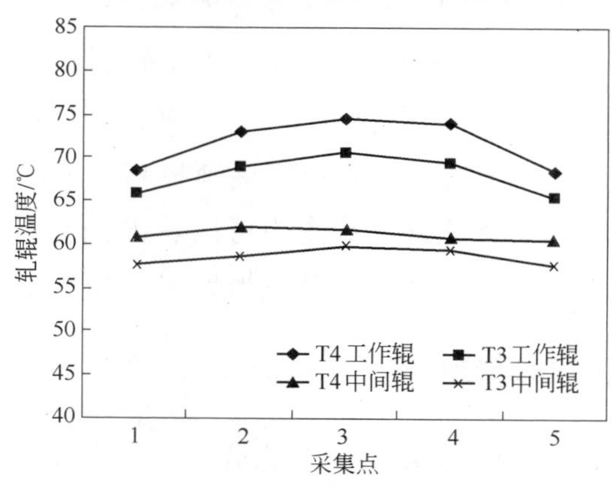

图4-12　轧制不同产品时第五机架工作辊和中间辊温度的对比

趋势与工作辊温度变化的趋势相同。

图 4-13 为生产 T3 产品时第五机架轧辊温度的对比情况。由图可以看出，工作辊温度高且沿辊身长度方向变化较大，中间辊温度差别较小，而支撑辊温度几乎没有什么差别，其他情况与前述的分析一致，这进一步说明控制工作辊温度的重要性。

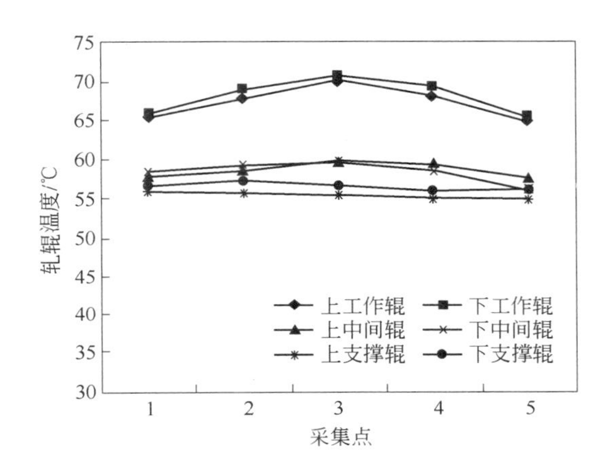

图 4-13 轧制 T3 产品时第五机架轧辊温度的情况

图 4-14 为生产 T3 产品时第五机架工作辊、中间辊和支撑辊温度的实测值与计算值之间的对比情况。由图可以看出，实测值与模拟计算值吻合较好，模拟计算值同样高于实测值，这在前面已经有所分析。

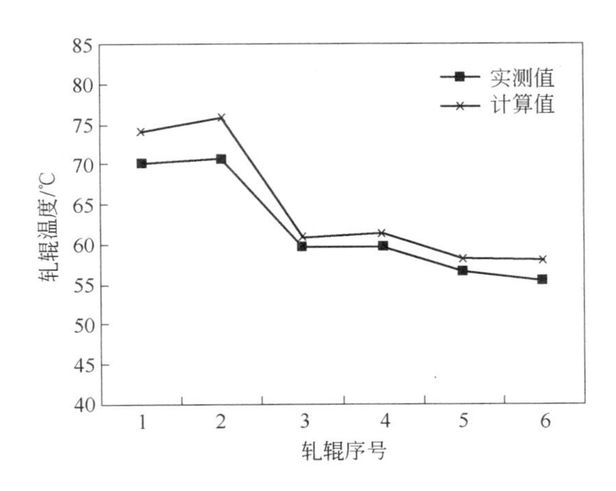

图 4-14 轧制 T3 产品时第五机架轧辊温度实测值与计算值对比情况

4.5 乳化液流量计算和轧辊冷却分配模式确定

对于乳化液流量的计算实际上是前面温度场计算的一个逆过程，也就是说前面的计算是在给定各种工艺条件的基础上，通过相应的计算给出了不同工艺条件下轧辊和带钢的温度场情况。实际上对于不同规格的产品以及生产工艺条件变化所需的乳化液流量是不同的，即使是同一产品采用的轧制工艺不同所需的乳化液流量也会因此而改变。为了实现乳化液流量的计算，本研究采用的模拟计算思路是：选择现场生产的典型品种和工艺，并根据现场轧辊温度场数据，在考虑轧辊温度稳定及板形控制要求的条件下，根据能量守恒的原则和不同机架上轧辊的冷却要求，将轧辊表面划分成不同冷却区域，采用前面开发的带钢和轧辊温度场计算软件进行温度场计算，在计算过程中采用不同的乳化液供给量，对于不同的机架，机架间冷却，采用不同的初始和边界条件，最终给出适宜要求的用于冷却的乳化液流量。同理，在工作辊冷却乳化液流量计算的基础上，对中间辊和支撑辊进行计算，主要考虑轧辊之间的接触传热、冷却乳化液及周围环境之间的热交换，通过计算给出合适的用于轧辊冷却的乳化液流量。在此基础上，给出连轧机组中每个机架轧辊冷却流量及轧辊冷却分配模式，为喷射梁设计及喷嘴的选择提供理论依据。

4.5.1 乳化液流量计算

为了实现乳化液流量的计算，本研究选择现场生产 T3 钢时采用的典型工艺规程，并利用其他章节中叙述的模型和相关软件进行一系列的计算，有关轧制规程如表 4-12 所示。

表 4-12 T3 钢冷轧工艺规程

道　次	入口厚度/mm	出口厚度/mm	带钢宽度/mm	轧制速度/m · min^{-1}	前张力/kN	后张力/kN
1	2.509	1.577	781	330	130	107
2	1.577	0.968	781	537	84	130
3	0.968	0.650	781	800	53	84
4	0.650	0.455	781	1143	31	53
5	0.455	0.325	781	1600	14	31

按照表 4-12 中给出的 T3 钢冷轧工艺规程，根据第 2 章中给出的轧制温度计算模型和相关的计算软件，得到各机架轧制过程带钢的温度及轧制力的

计算结果如表4-13所示。

表4-13　各机架轧制力和带钢温度计算结果

项　目	机　架　号				
道　次	1	2	3	4	5
轧制力/MN	6.506	6.907	6.251	5.804	6.501
带钢温度/℃	71	88	73	70	138

由于轧辊温度随乳化液供给方式的变化而改变，而现场实际轧制过程中，乳化液的喷射距离、喷射角度、喷射压力、乳化液温度等基本保持不变，因此，本研究在进行传热系数计算过程中，主要考虑乳化液流量的影响，通过对传热系数的改变来计算轧辊温度，进而由传热系数值来确定乳化液的流量。鉴于乳化液流量的改变与轧辊温度之间有对应关系，所以本研究假设轧辊的温度已知，也就是说根据以往现场轧辊温度控制的经验，初步设定轧辊温度，据此来计算保持该轧辊温度分布所必需的传热系数值（即乳化液流量），最终实现乳化液流量的计算和分配模式的确定。

按照前述给定的条件，通过相关的计算模型和软件对轧辊进行热平衡计算，对于第一和第二机架喷射梁上的13个喷嘴按照2-9-2方式布置，对于781mm宽度的带钢，仅仅是中间段（即入口AC）起作用，也就是说有9个喷嘴打开，其余4个喷嘴处于关闭状态。给出前两个机架轧辊冷却所需要的乳化液流量，其中第一机架乳化液流量如表4-14所示。

表4-14　第一机架乳化液流量计算情况

轧　辊	位　置		喷梁分区	喷头数量	喷嘴流量 /L·min^{-1}	喷梁流量 /L·min^{-1}
工作辊	入口	上	3	9	20.5	184.5
		上	3	9	20.5	184.5
		下	3	9	20.5	184.5
		下	3	9	20.5	184.5
	出口	上	3	9	29.5	265.9
		上	3	9	29.5	265.9
		下	3	9	29.5	265.9
		下	3	9	29.5	265.9
支撑辊	入口	上	1	13	12.5	112.5
		下	1	13	12.5	112.5

对于第三和第四机架喷射梁上的13个喷嘴按照2-2-5-2-2方式布置，对于781mm宽度的带钢，仅仅是中心段（即入口AC）和中间段（即入口AI）起作用，而边部（即入口AO）不起作用，也就是说有9个喷嘴打开，其余4个喷嘴处于关闭状态。通过计算给出了第三、四机架轧辊冷却所需要的乳化液流量，其中第三机架乳化液流量如表4-15所示。

表4-15 第三机架乳化液流量计算情况

轧 辊	位 置		喷梁分区	喷头数量	喷嘴流量 /L·min^{-1}	喷梁流量 /L·min^{-1}
工作辊	入口	上	5	9	36.5	328.5
		上	5	9	36.5	328.5
		下	5	9	36.5	328.5
		下	5	9	36.5	328.5
	出口	上	5	9	36.5	328.5
		上	5	9	36.5	328.5
		下	5	9	36.5	328.5
		下	5	9	36.5	328.5
支撑辊	入口	上	1	13	13.4	120.6
		下	1	13	13.4	120.6
机架间	出口	上	3	13	33.8	439.4
		下	3	13	33.8	439.4

对于第五机架喷射梁上的25个喷嘴分25段布置，喷嘴间距为52mm，对于781mm宽度的带钢，仅仅是中心17个喷嘴起作用，而边部8个喷嘴可关闭。通过计算给出了第五机架轧辊冷却所需要的乳化液流量如表4-16所示。

表4-16 第五机架乳化液流量计算情况

轧 辊	位 置		喷梁分区	喷头数量	喷嘴流量 /L·min^{-1}	喷梁流量 /L·min^{-1}
工作辊	入口	上	25	25	26.4	660
		上	25	25	26.4	660
		上	25	25	26.4	660
		下	25	25	26.4	660
		下	25	25	26.4	660
		下	25	25	26.4	660
中间辊	入口	上	1	13	16.7	217.1
		下	1	13	16.7	217.1

4.5.2 轧辊冷却分配模式的确定

根据上节乳化液流量的计算结果给出了轧辊的冷却分配模式如表 4-17 所示。

表 4-17 冷却分配模式及流量分配

机架号	冷却分配模式						
1	喷射梁	出口 D	出口 BC		入口 AC		
	流量/L·min^{-1}	225	1063		738		
2	喷射梁	出口 D	出口 BC		入口 AC		
	流量/L·min^{-1}	185	1163		1098		
3	喷射梁	出口 D	出口 BC	出口 BI	入口 AC	入口 AI	
	流量/L·min^{-1}	240	712	602	712	602	
4	喷射梁	入口 D	出口 BC	出口 BI	入口 AC	入口 AI	机架间 CC
	流量/L·min^{-1}	351	599	895	708	620	880
5	喷射梁	入口 D			入口 C 下	入口 C 上	入口 CC
	流量/L·min^{-1}	434			1980	1980	748

5 混合润滑机理研究

冷轧过程中，变形区的状况十分复杂，其复杂性可以概括为以下几个方面：（1）变形区几何形状复杂。由于带钢和轧辊表面粗糙度的存在，表面微凸体高度的随机分布和接触比的不确定使带钢与轧辊接触表面变得十分复杂，这样润滑剂在变形区内的流动描述更加困难，表面状况对润滑剂流动的影响几乎无法计算。（2）高速、高压和轧制条件多变。实际冷轧生产中轧制速度可能达到30m/s以上，单位轧制压力在800MPa以上，加减速轧制、规格和品种的变化及各种板形控制技术的应用，都会使变形区的润滑状态发生改变。（3）变形区内物理化学作用同时发生。由于轧制油理化性能的要求，在润滑剂中存在各种类型的添加剂，这使得变形区内发生各种物理化学反应。这些因素决定了冷轧润滑研究的复杂性。为了从理论上对冷轧润滑过程进行模拟计算，在研究中必须采取合理的简化和假设，建立相关问题的数学模型。本研究通过参考以往国内外专家在冷轧润滑方面所做的大量工作[57~67]，确定了冷轧润滑过程单位轧制压力、油膜压力、油膜厚度等变量的基本方程，进而建立了混合润滑数学模型。

5.1 冷轧润滑基本方程

5.1.1 表面特征的表征

在早期的润滑机理研究中，往往假设轧辊和带钢表面是光滑的，这与实际情况不符。为了建立合理准确的计算模型，必须考虑带钢表面形貌的影响。事实上，带钢和轧辊的表面是凹凸不平的，存在表面波峰和波谷，而且波峰高度的分布是随机的。为了研究和描述方便，本研究假设带钢和轧辊的表面粗糙度呈高斯分布。在工程上，通常高斯表面的概率密度可以表述为：

$$P_G(\delta) = \frac{\exp(-\delta^2/2R_q^2)}{R_q\sqrt{2\pi}} \tag{5-1}$$

式中 δ——表面中心线以上的高度；

R_q——表面均方根粗糙度，其定义为：

$$R_q = \sqrt{\frac{1}{L}\int_0^L z^2 \mathrm{d}x} \tag{5-2}$$

式中 x——沿测量方向的距离；

z——微凸体中线到表面的距离；

L——测量间距。

目前的粗糙度测量广泛采用轮廓算术平均偏差 R_a，在国内外标准中，R_a 是在取样长度 L 内轮廓偏距绝对值的算术平均值，又称为中心线算术平均值。虽然 R_a 易于测量，但它并不是表征形貌的最佳方式[89]，从统计学的观点来看，使用 R_q 来表征粗糙度更为合理，通常可取[90]：

$$R_q = 1.25 \times R_a \tag{5-3}$$

为了对高斯分布的表面进行近似表示，Christensen[91]引入了一个多项式概率密度函数，使用非常方便，其定义为：

$$P_C(\delta) = \begin{cases} \dfrac{35}{96R_q}\left[1 - \dfrac{1}{9}\left(\dfrac{\delta}{R_q}\right)^2\right]^3 & |\delta| \leqslant 3R_q \\ 0 & |\delta| > 3R_q \end{cases} \tag{5-4}$$

均方根粗糙度描述了表面轮廓线与中线的背离程度，但是没有给出微凸体的大小和间距等信息。这些可以用自相关函数 Φ 来提供：

$$\Phi(\beta) = \frac{1}{LR_q^2}\int_0^L z(x)z(x+\beta)\mathrm{d}x \tag{5-5}$$

对于周期表面，自相关函数也是周期性的，对于随机表面，自相关函数可以假定为指数形式：

$$\Phi(\beta) = \exp\left(-\frac{\beta}{\beta^*}\right) \tag{5-6}$$

式中 β——自相关函数的测量长度；

β^*——自相关长度。

当自相关测量长度等于自相关长度时，自相关函数的值是 $1/e$。对于各向同性表面，自相关函数和取样方向无关。对于非各向同性表面，表面波峰和波谷按特定方向排列，自相关函数取决于取样方向与排列方向的夹角。Patir 和 Cheng 采用该方法来表征表面图案。当自相关函数的值为 0.5 时，定义 β^* 为 β 的值[92]，那么可以用表面图形参数 γ_s 来表达表面粗糙度的分布方向，定义为[93]：

$$\gamma_s = \frac{\beta_x^*}{\beta_y^*} \tag{5-7}$$

式中 β_x^*，β_y^*——沿垂直方向上的自相关长度，在本研究中，β_x^* 和 β_y^* 分别为平行和垂直于表面运动方向的自相关长度。

γ_s 可以看作是典型微凸体的长宽比。纯横向、各向同性和纯纵向分布的粗糙度图案分别对应于 $\gamma_s=0$、1、∞。

对于高斯表面，平均油膜厚度 h_t（润滑剂体积与名义接触面积的比）和名义表面间距 h_n（两个变形表面中线间的距离）有关，它们的关系为：

$$h_t = \int_{-h_n}^{\infty} (h_n + \delta) p_c(\delta) \mathrm{d}\delta \tag{5-8}$$

如果表面之间不发生接触，那么 h_t 和 h_n 相等。然而，当发生接触时，h_t 要大于 h_n。在大接触比 A 的情况下，h_n 可能变成负数，而 h_t 仍然为正数。平均油膜厚度也可以简化成无量纲形式：

$$H_t = \frac{3}{256}(35 + 128\overline{Z} + 140\overline{Z}^2 - 70\overline{Z}^4 + 28\overline{Z}^6 - 5\overline{Z}^8) \tag{5-9}$$

其中

$$H_n = \frac{h_n}{R_q} \tag{5-10}$$

$$\overline{Z} = \frac{H_n}{3} \tag{5-11}$$

$$H_t = \frac{h_t}{\sigma} \tag{5-12}$$

式中 h_t——平均油膜厚度；

σ——带钢与轧辊的总粗糙度。

另外，接触比 A 和无量纲表面间距 H_n 的关系为：

$$A = \int_{h_n}^{\infty} p_c(\delta) \mathrm{d}\delta = (16 - 35\overline{Z} + 35\overline{Z}^3 - 21\overline{Z}^5 + 5\overline{Z}^7)/32 \tag{5-13}$$

在推导变量 H_n、H_t 和 A 的关系之后，实际上就可以用 H_n 来计算 H_t 和 A。

在后面的各节中，以 H_n 为油膜厚度微分方程中的变量，积分得到 H_n，然后计算得到 H_t 和 A。

5.1.2 油膜厚度计算

根据带钢基体是否发生塑性变形，可以将整个轧制区域分为入口区和变形区，那么油膜厚度的计算也分成两种情况进行讨论。

5.1.2.1 入口区油膜厚度的计算

在入口区，由于基体不发生塑性变形，而轧辊直径要远大于带钢的厚度，所以可以近似认为轧辊与带钢呈恒定的夹角。为了计算方便，可以选定入口区和变形区的分界点为原点，建立入口区的局部坐标系，这样就可以通过几何关系得到入口区油膜厚度如下：

$$h_a = \frac{x_1 x'}{a} \tag{5-14}$$

采用无量纲形式可得：

$$X' = \frac{x_1 x'}{a\sigma} \tag{5-15}$$

式中 a——轧辊半径；

x_1——入口区边界到轧辊中心连线的距离；

x'——入口带钢和轧辊实际接触面的距离；

X'——无量纲过渡区的油膜厚度。

5.1.2.2 变形区油膜厚度的计算

在冷轧变形区中，由于带钢发生塑性变形和表面微凸体压平，油膜计算相对要复杂很多[94]。当轧辊与带钢接触时，由于轧辊的硬度要远高于带钢的硬度，而且轧辊表面粗糙度一般低于带钢表面粗糙度，会产生带钢表面微凸体被轧辊压平的现象，因此油膜厚度计算还要考虑带钢表面微凸体的压平。图 5-1 给出了轧制过程中带钢表面微凸体压平的示意图。

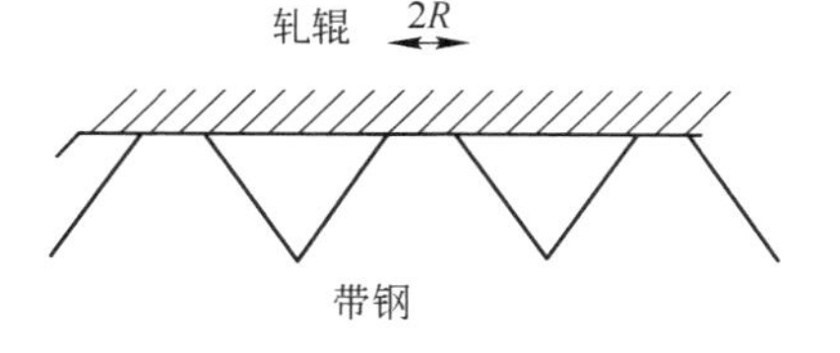

图 5-1 带钢表面微凸体压平示意图

上节给出了油膜厚度和名义表面间距的关系。为推导方便，使用名义表面间距来表达油膜厚度的大小，名义表面间距 h_n 与微凸体压平有关：

$$\frac{\mathrm{d}h_n}{\mathrm{d}x} = -\frac{\mathrm{d}t}{\mathrm{d}x} \times \frac{\mathrm{d}h_n}{\mathrm{d}t} = -\frac{1}{U} \times \frac{\mathrm{d}h_n}{\mathrm{d}t} = \frac{v_a}{U} \tag{5-16}$$

由微凸体的体积守恒可得：

$$v_a A - v_b (1 - A) = 0 \tag{5-17}$$

式中 U——带钢的速度；

v_a——表面波峰相对于名义表面的压下速度；

v_b——表面波谷相对于名义表面的上升速度。

根据带钢在垂直方向的变形速度等于轧辊表面速度在垂直方向的分量，可得：

$$v_a + \frac{\dot{\varepsilon} y}{2} = \frac{Ux}{a} \tag{5-18}$$

为了进一步推导，定义无量纲应变速率 E：

$$E = \frac{\dot{\varepsilon} l}{v_a + v_b} \tag{5-19}$$

式中 $\dot{\varepsilon}$——基体应变速率；

l——微凸体半间距。

结合式（5-16）~式(5-18)，并使用式（5-19）来无量纲化，得到：

$$\frac{\mathrm{d}H_n}{\mathrm{d}X} = \frac{(1 - A) RX}{R^* \left(1 - A + \frac{EY}{2L^*}\right)} \tag{5-20}$$

$$X = \frac{x}{x_1} \quad Y = \frac{y}{y_1} \quad L^* = \frac{l}{y_1} \quad R = \frac{y_1 - y_2}{y_1} \quad R^* = \frac{R_q}{y_1} \tag{5-21}$$

式中 R——压下率；

L^*——无量纲平均微凸体半间距；

X——变形区位置坐标；

Y——变形区内带钢无量纲厚度；

R^*——无量纲粗糙度；

y_1，y_2，y——分别为入口、出口和任意位置的带钢厚度。

式（5-20）是一个一阶常微分方程，通过使用四阶龙格-库塔法[95]对方程进行数值积分，可以得到变形区内 H_n 的分布。同时也可以看到，此方程的求解需要 E 的值。

Wilson 和 Sheu[96] 的研究发现，在纵向粗糙度分布的表面上，基体的塑性变形使微凸体的有效硬度降低，微凸体无量纲等效硬度 H_a 可以定义为：

$$H_a = \frac{p_a - p_b}{k} = P_a - P_b \tag{5-22}$$

$$P = \frac{p}{k} \quad P_a = \frac{p_a}{k} \quad P_b = \frac{p_b}{k} \tag{5-23}$$

式中　k——工件平面变形下的剪切强度；

P_a，P_b——微凸体和微凸体周围自由表面流体上的无量纲压力。

在润滑表面上总的界面压力是由微凸体接触和流体共同承担。将总压力 p、微凸体压力 p_a、流体压力 p_b 和接触比 A 联系起来，可以表达为：

$$p = Ap_a + (1 - A)p_b \tag{5-24}$$

写成无量纲形式：

$$P = AP_a + (1 - A)P_b = P_b + AH_a \tag{5-25}$$

将微凸体的有效硬度和无量纲应变速率联系起来有：

$$H_a = \frac{2}{f_1(A)E + f_2(A)} \tag{5-26}$$

其中

$$f_1(A) = 0.515 + 0.345A - 0.86A^2 \tag{5-27}$$

$$f_2(A) = \frac{1}{2.571 - A - A\ln(1 - A)} \tag{5-28}$$

式（5-24）可以写成无量纲形式：

$$H_a = \frac{P - P_b}{A} \tag{5-29}$$

用式（5-29）替换式（5-26）中的 H_a，得到：

$$E = \frac{2A - f_2(P - P_b)}{f_1(P - P_b)} \tag{5-30}$$

将式（5-30）代入式（5-20）就可以计算无量纲表面间距 H_n 在变形区的变化情况。无量纲平均油膜厚度 H_t 和接触比 A 可以用式（5-9）和式（5-13）来表达。油膜压力 P_b 和界面总压力 P 的计算方法在下节中介绍。

5.1.3 油膜压力计算

粗糙表面油膜压力的计算通常采用由 Patir 和 Cheng 引入的平均雷诺方程[42]。对于稳定的、不可压缩的一维问题，由 Patir 和 Cheng 引入的方程可以简化为：

$$\frac{\mathrm{d}}{\mathrm{d}x}\left(\frac{\Phi_x h_n^3}{12\eta} \times \frac{\mathrm{d}p_b}{\mathrm{d}x}\right) = \frac{U + U_r}{2} \times \frac{\mathrm{d}h_t}{\mathrm{d}x} + \frac{U - U_r}{2}\sigma \frac{\mathrm{d}\Phi_s}{\mathrm{d}x} \tag{5-31}$$

式中 x——变形区任意位置；

η——润滑剂的黏度；

U，U_r——分别为带钢和轧辊的表面速度；

σ——轧辊和带钢的总粗糙度，定义为：

$$\sigma = \sqrt{R_{qr}^2 + R_{qs}^2} \tag{5-32}$$

式中 R_{qr}，R_{qs}——分别为轧辊和带钢的均方根粗糙度。

Φ_x 和 Φ_s 分别称为压力流动因子和剪切流动因子，它们用来补偿表面粗糙度的影响。Φ_x 值表征了垂直于压力梯度方向的表面凸峰对润滑剂流动的阻碍作用（$\Phi_x < 1$），或者是平行于压力梯度的表面凹坑对润滑剂流动的促进作用（$\Phi_x > 1$）。Φ_s 表征了表面粗糙度将润滑剂曳入表面运动方向的趋势[98]。

通过数值模拟，Patir 和 Cheng 给出了在全膜润滑机制下，微凸体不同排列方向下流动因子的半经验表达式[42]：

$$\Phi_x = \begin{cases} 1 - C_x e^{-r_x H_n} & \gamma_s \leq 1 \\ 1 + C_x H_n^{-r_x} & \gamma_s > 1 \end{cases} \tag{5-33}$$

并且有：

$$\Phi_s = A_s e^{-0.25H_n} \quad H_n > 5 \tag{5-34}$$

式中，C_x、r_x 和 A_s 是 γ_s 的函数，可以写成：

$$C_x = \begin{cases} 0.89679 - 0.26591\ln\gamma_s & \gamma_s \leq 1 \\ -0.10667 + 0.10750\gamma_s & \gamma_s > 1 \end{cases} \tag{5-35}$$

$$r_x = \begin{cases} 0.43006 - 0.10828\gamma_s + 0.23821\gamma_s^2 & \gamma_s \leq 1 \\ 1.5 & \gamma_s > 1 \end{cases} \tag{5-36}$$

$$A_s = 1.0766 - 0.37758\ln\gamma_s \tag{5-37}$$

正如 Wilson 和 Marsault 指出的，Patir 和 Cheng 的表达式在 h_n 非常小时难以控制，而且对于 h_n 为 0 或者为负数时没有意义[99]。为了避免这个问题，Wilson 和 Marsault 在他们的表达式中建议使用 h_t（总是正的）来代替 h_n。这样雷诺方程的替代形式为：

$$\frac{\mathrm{d}}{\mathrm{d}x}\left(\frac{\Phi_x h_t^3}{12\eta} \times \frac{\mathrm{d}p_b}{\mathrm{d}x}\right) = \frac{U + U_r}{2} \times \frac{\mathrm{d}h_t}{\mathrm{d}x} + \frac{U - U_r}{2}\sigma\frac{\mathrm{d}\Phi_s}{\mathrm{d}x} \tag{5-38}$$

另外：

$$\Phi_x H_t^3 = a_2(H_t - H_{tc})^2 + a_3(H_t - H_{tc})^3 \quad H_t < 3 \tag{5-39}$$

$$\Phi_s = b_0 + b_1 H_t + b_2 H_t^2 + b_3 H_t^3 + b_4 H_t^4 + b_5 H_t^5 \quad H_t < 5 \tag{5-40}$$

$$H_{tc} = 3[1 - (0.47476/\gamma_s + 1)^{-0.25007}] \tag{5-41}$$

式中，H_{tc}为无量纲临界油膜厚度[54]，a_2、a_3、b_0、b_1、b_2、b_3、b_4、b_5 是由 Wilson 和 Marsault 提供的经验常数[99]。

5.1.4 轧制力计算

轧制力是非常重要的工艺参数，本节考虑了冷轧中加工硬化效应，使用新的摩擦系数模型，利用卡尔曼微分方程来计算轧制力。

5.1.4.1 加工硬化和屈服准则

冷轧中的加工硬化对轧制力的计算有重要影响，这里使用 Alexander 经验公式来表达带钢变形抗力的变化：

$$\sigma_Y = \sigma_{Y0}(1 + C_1\varepsilon)^{C_2} \tag{5-42}$$

式中 C_1，C_2——实验测得的加工硬化系数，这里取 C_1 = 96.8、C_2 = 0.2 时有：

$$\sigma_Y = \sigma_{Y0}(1 + 96.8\varepsilon)^{0.2} \tag{5-43}$$

虽然 Von-Mises 屈服准则有很好的精度，但应用十分不便，因此，这里采用 Tresca 屈服准则[101]：

$$\sigma_1 - \sigma_3 = 2k \tag{5-44}$$

即

$$p-(\sigma_1+\sigma_2)/2=2k \tag{5-45}$$

式中 p——单位压力；

σ_1，σ_2——前后单位张力。

5.1.4.2 摩擦系数计算

在混合润滑机制中，界面压力一部分由润滑剂承担，一部分由微凸体承担。同样，表面凹坑中的流体上存在流动摩擦应力，微凸体顶部的边界油膜由于黏附和剪切产生边界摩擦应力。传统计算流体摩擦应力的方法是采用牛顿黏性流体摩擦定律：

$$\tau=\frac{\eta(U-U_r)}{h_n-z} \tag{5-46}$$

式（5-46）中由于采用 h_n-z 做分母，在微凸体接触附近该值可能接近于0，从而使摩擦应力达到无穷大。解决这个问题的方法就是假设润滑剂为理想黏塑性流体，即当局部剪切应力小于临界值 k_1 时，流体表现为黏性行为；而当局部剪切应力大于临界值 k_1 时，则流体表现为塑性行为，所以对于给定的滑动速度，存在一个临界剪切厚度 h_c：

$$h_c=\frac{\eta(U-U_r)}{k_1} \tag{5-47}$$

当局部油膜厚度小于 h_c 时，润滑剂表现为塑性，当油膜厚度大于 h_c 时，润滑剂表现为黏性。

通常假定微凸体接触处边界摩擦应力 τ_a 为：

$$\tau_a=ck \tag{5-48}$$

为了简便起见，假定润滑剂剪切强度和边界油膜剪切强度相等，即：

$$k_1=\tau_a=ck \tag{5-49}$$

这样得到临界油膜厚度 h_c 为：

$$h_c=\frac{\eta(U-U_r)}{ck} \tag{5-50}$$

式中 c——黏附系数。

在本研究中，假设带钢表面微凸体形状为锯齿状，如图 5-2 所示。在描述接触过程时，假定微凸体的压平过程等同于将重叠部分金属去除。此时，

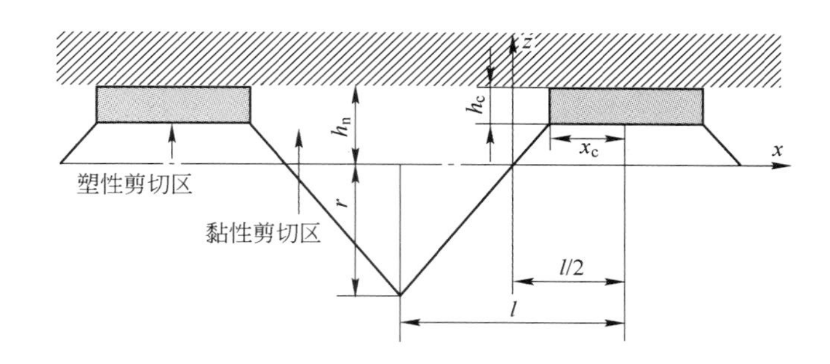

图 5-2 锯齿状表面摩擦状态示意图

平均摩擦应力 τ 可以表示为:

$$\tau = \tau_a A_p + \tau_b (1 - A_p) \tag{5-51}$$

$$A_p = \frac{x_c}{l} \tag{5-52}$$

式中 A_p——塑性剪切部分所占的比例;

x_c——临界剪切长度，它对应于临界剪切厚度 h_c，对于锯齿表面有:

$$x_c = \frac{r - (h_n - h_c)}{r} \frac{l}{2} \tag{5-53}$$

微凸体高度 r 可以参考未变形时工件的均方根粗糙度:

$$r = \sqrt{3} R_q \tag{5-54}$$

定义无量纲临界剪切油膜厚度 H_c 为:

$$H_c = \frac{h_c}{R_q} \tag{5-55}$$

运用式（5-52）和式（5-53），塑性剪切比 A_p 可以表达为:

$$A_p = \frac{1}{2} - \frac{H_n}{2\sqrt{3}} + \frac{H_c}{2\sqrt{3}} \tag{5-56}$$

平均黏性摩擦应力 τ_b 是由润滑剂的黏性剪切引起的（在 $h_n - z > h_c$ 区域内），可以由下式得到:

$$\tau_b = \int_{-\frac{l}{2}}^{\frac{l}{2} - x_c} \frac{\eta(U - U_r)}{h_n - z} \frac{dx}{l - x_c} = \frac{1}{1 - A_p} \frac{ckH_c}{2\sqrt{3}} \ln \frac{H_n + \sqrt{3}}{H_c} \tag{5-57}$$

其中

$$z = \frac{2r}{l}x \tag{5-58}$$

定义摩擦系数 m：

$$m = \frac{\tau}{k} \tag{5-59}$$

将式（5-48）、式（5-51）、式（5-56）和式（5-57）代入式（5-59）可得：

$$m = c\left\{0.5 + \frac{1}{2\sqrt{3}}\left[H_c\left(1 + \ln\frac{H_n + \sqrt{3}}{H_c}\right) - H_n\right]\right\} \tag{5-60}$$

通过锯齿表面几何关系可得：

$$H_n = \sqrt{3}(1 - 2A) \tag{5-61}$$

则式（5-60）可以表达为：

$$m = c\left\{A + \frac{H_c}{2\sqrt{3}}\left[1 + \ln\frac{2\sqrt{3}(1 - A)}{H_c}\right]\right\} \tag{5-62}$$

这样变形区的摩擦系数实际上就是接触比 A 作为独立变量的一个函数。考虑带钢和轧辊的相对运动的符号，式（5-62）中导出的摩擦系数可以表示为：

$$m = c\mathrm{sign}\left[\frac{Z(1 - R)}{Y} - 1\right]\left[A + \frac{H_c}{2\sqrt{3}}\left(1 + \ln\frac{2\sqrt{3}(1 - A)}{H_c}\right)\right] \tag{5-63}$$

润滑剂的无量纲临界剪切厚度 H_c 可以由式（5-50）和式（5-55）导出：

$$H_c = \frac{MS}{c}\sqrt{\frac{R}{A^*}}\left|\frac{Z(1 - R)}{Y} - 1\right| \tag{5-64}$$

5.1.4.3 卡尔曼微分方程

平均单位压力 p 由卡尔曼微分方程来计算：

$$2k\frac{\mathrm{d}y}{\mathrm{d}x} - y\frac{\mathrm{d}p}{\mathrm{d}x} + 2\tau = 0 \tag{5-65}$$

引入无量纲半径 A^*：

$$A^* = \frac{a}{y_1} \tag{5-66}$$

无量纲塑性方程可以表示为：

$$\frac{\mathrm{d}P}{\mathrm{d}X} = \frac{1}{Y}(4RX + 2m\sqrt{RA^*}) \tag{5-67}$$

5.2 混合润滑数学模型

为了建立混合润滑数学模型，对实际轧制过程进行如下假设：(1) 将轧制入口区的轧制油视为纯油，而且油量充足，不存在欠润滑现象；(2) 轧制过程为恒温，暂不考虑温度对润滑剂黏度的影响；(3) 采用总粗糙度来考虑轧辊和带钢的粗糙度，认为轧辊是光滑的，粗糙度等效到带钢上；(4) 带钢表面微凸体高度呈高斯分布，并呈锯齿状形貌，利用表面图案系数来考虑粗糙度的方向；(5) 考虑轧辊表面对微凸体的压平作用及基体塑性变形对微凸体有效硬度的影响。

在以上假设条件下对冷轧润滑过程进行定量分析。模型中所用到的基本理论和基础，已经在前面进行了讨论。为了利于分析，同 Sheu 和 Wilson 的工作一样[62]，轧辊和轧件的接触面要分为几个区域。在入口区，认为轧件是刚性的，流体动压建立起来，由微凸体接触产生的压力逐渐增加，直至在入口区和变形区交界处，界面总接触压力达到了带钢的屈服强度。工件在变形区发生塑性变形。在接近变形区出口处，流体动压又回落到大气压，带钢又成为刚性的。

本研究是在 Lin[101] 的工作基础上进行的。采用了 Wilson 和 Marsault 的平均雷诺方程来计算表面凹坑中的流体动压[99]。为方便起见，保留了 Wilson 和 Sheu 的微凸体压平模型[87]，引用特殊的数值计算方法来求解在宽速度范围内的相关问题。

5.2.1 入口区分析

在入口区的平均油膜压力是由平均雷诺方程求解得到的。润滑剂黏度 η 随润滑剂压力 p_b 的变化可以由 Barus 公式确定：

$$\eta = \eta_0 \exp(\theta p_b - \beta T) \tag{5-68}$$

式中 η_0——大气压下的黏度；

θ——黏压系数；

β——黏温系数；

T——润滑剂温度。

润滑剂温度的计算涉及带钢和轧辊的温度，后者计算比较复杂，但由于温度对润滑剂黏度的影响很大，所以不能忽略。鉴于这里考虑的是一维问题，所以采用了一个简单的油膜温度计算方法[62]：

$$\theta = \frac{2C_t k\varepsilon}{\rho_s c_s} \tag{5-69}$$

$$\varepsilon = -\ln Y \quad C_t = \frac{0.947\nu}{1 + \sqrt{\psi c_1}} \quad \psi = \rho_r c_r k_r/(\rho_s c_s k_s) \quad c_1 = (3 - 2R)/6(1 - R) \tag{5-70}$$

式中 C_t——温度修正因子；

ε——带钢应变；

ν——塑性变形功转化为热的比例；

ψ——热物性比；

c_1——动态因子；

ρ_r，c_r，k_r，ρ_s，c_s，k_s——分别为轧辊和带钢的密度、比热容和热导率。

在入口区，为方便起见，采用原点为带钢与轧辊实际接触点的局部坐标系，无量纲黏压系数 G、无量纲润滑剂黏度 M、无量纲速度 S 和出口速度比 Z 的表达式如下：

$$G = 2\theta k \tag{5-71}$$

$$M = \frac{\eta}{\eta_0} = \exp\left(\frac{GP_b}{2}\right) \tag{5-72}$$

$$S = \frac{a\eta_0 U_r}{k\sigma x_1} \tag{5-73}$$

$$Z = \frac{U_2}{U_r} \tag{5-74}$$

式中 U_2——带钢出口厚度；

C——与润滑剂流动速率有关的任意常数。

用这些无量纲变量，雷诺方程的无量纲形式可以写成：

$$\frac{dP_b}{dX'} = \frac{M}{\Phi_x H_t^3}\left[C - 6S\frac{Z(1 - R) + Y}{Y}H_t - 6S\frac{Z(1 - R) - Y}{Y}\Phi_s\right] \tag{5-75}$$

5.2.1.1 入口全膜区域

入口区可以细分成外区（没有微凸体接触的全膜区域）和内区（微凸体发生接触的混合区域）。在入口区的全膜区域（$H_t > 3$），没有微凸体的接触而且带钢为刚性，所以有：

$$H_t = X' \tag{5-76}$$

$$Y = 1 \tag{5-77}$$

入口区的全膜区域理论上可以延伸到无限远，为了便于平均雷诺方程在该区间内进行积分，可以定义油膜厚度的倒数 R_h：

$$R_h = \frac{1}{H_t} \tag{5-78}$$

关于 R_h 的无量纲平均雷诺方程变为：

$$\frac{dP_b}{dR_h} = \frac{M}{\Phi_x}\{6S[Z(1-R)+1] + 6S[Z(1-R)-1]\Phi_s R_h - CR_h\} \tag{5-79}$$

对式（5-79）在边界条件 $R_h = 0$ 时 $P_b = 0$、$R_h = 1/3$ 时 $P_b = P_{bc}$ 下进行数值积分，即可计算出微凸体开始接触点的无量纲油膜压力 P_{bc}。

5.2.1.2 入口区混合区域

在入口区混合区域（$H_t < 3$），部分接触压力是由微凸体承担，这就导致了微凸体的压平，因此式（5-76）不再成立。带钢基体是刚性的，表面中心线不断靠近，所以有：

$$H_n = X' \tag{5-80}$$

关于 H_n 的无量纲平均雷诺方程为：

$$\frac{dP_b}{dH_n} = \frac{M}{\Phi_x H_t^3}\{C - 6S[Z(1-R)+1]H_t - 6S[Z(1-R)-1]\Phi_s\} \tag{5-81}$$

这里无量纲压力流动因子 $\Phi_x H_t^3$ 和剪切流动因子 Φ_s 分别由式（5-39）和式（5-40）给出，无量纲平均油膜厚度 H_t 由式（5-73）得到。

在入口区带钢认为是刚性的，无量纲应变速率 E 为 0，因此，式（5-24）

可以表示为：

$$P = P_b + \frac{2A}{f_2(A)} \tag{5-82}$$

在变形区的边界处，带钢屈服并采用 Tresca 屈服准则，所以有：

$$P = 2 \tag{5-83}$$

因此，在这点，无量纲油膜压力 P_{b1} 可以表示为：

$$P_{b1} = 2 - \frac{2A_1}{f_2(A_1)} \tag{5-84}$$

式中 A_1——接触面积比在这点的对应值。

对式（5-81）在边界条件 $H_n = 3$ 时 $P_b = P_{bc}$、$H_n = H_{n1}$ 时 $P_b = P_{b1}$ 下进行数值积分，据此计算入口区和变形区边界上的无量纲表面间距 H_{n1} 和无量纲油膜压力 P_{b1}。注意到这个积分需要流动常数 C 和出口速度比 Z 的值。C 和 Z 的计算方法将在 5.2.3 节中进行说明。

5.2.2 变形区分析

Wilson 和 Chang[63] 已经揭示了对于低速混合润滑情况，在变形区也存在流体动压作用。因此，在本研究中，在平均雷诺方程中仍然保留压力梯度部分（即 dP_b/dX，文献中称其为泊肃叶形式），在变形区中，引入无量纲粗糙度 R^*：

$$R^* = \frac{R_q}{y_1} \tag{5-85}$$

这样无量纲平均雷诺方程简化为：

$$\frac{dP_b}{dX} = \frac{MR}{R^* \Phi_x H_t^3}\left[C - 6S\frac{Z(1-R)+Y}{Y}H_t - 6S\frac{Z(1-R)-Y}{Y}\Phi_s\right] \tag{5-86}$$

与入口混合区一样，无量纲流动因子 $\Phi_x H_t^3$ 和剪切流动因子 Φ_s 由式（5-39）和式（5-40）给出。无量纲油膜厚度 H_t 可以由式（5-73）得到。

在变形区，带钢被轧辊咬入，式（5-77）不再成立。带钢局部厚度采用抛物线近似表示为：

$$y = y_2 + \frac{x^2}{a} \tag{5-87}$$

无量纲形式为：

$$Y = 1 - R + RX^2 \tag{5-88}$$

流体压力由流体动力学确定，而总界面压力由基体塑性方程决定。轧制压力 p 由基体塑性方程决定，通过式（5-67）的积分可以计算变形区内无量纲界面压力 P 的分布。

平均雷诺方程式（5-81）的积分或者是从式（5-78）得到摩擦系数都需要任意一点的 H_t 和 A 的值。它们都可以用名义表面间距 H_n 来表征。在变形区，名义表面间距可以用式（5-20）来计算：

$$\frac{dH_n}{dX} = \frac{(1 - A)RX}{R^*\left(1 - A + \dfrac{EY}{2L^*}\right)} \tag{5-89}$$

式（5-89）可以计算无量纲表面间距 H_n 在变形区的变化情况。无量纲平均油膜厚度 H_t 和接触比 A 可以用式（5-9）和式（5-13）中的 H_n 来表达。积分式（5-81）、式（5-67）和式（5-20）的边界条件分别为：

在变形区的入口

$$X = 1 \quad P_b = P_{b1}, P = 2, H_n = H_{n1} \tag{5-90}$$

在变形区的出口

$$X = 0 \quad P_b = 0, P = 2 \tag{5-91}$$

H_{n1} 和 P_{b1} 的值是在入口区分析中得到的。

5.2.3 不同轧制速度计算处理方法

众所周知，在轧制中由于轧制速度的变化会引起润滑状态的改变，在低速时趋近于边界润滑，而在高速时，更接近于流体润滑。同理，在使用数学模型进行模拟计算中，也会存在一个临界速度（其值因轧制条件的不同而改变），在低于或高于这个临界速度时，必须采用不同的处理方法，这与实际轧制中发生的润滑机制的改变相关。本节简要叙述在低速和高速下的计算处理方法。

在低速下，基本的计算方法是采用四阶龙格库塔法来对全膜入口区和入口混合区的平均雷诺方程式（5-79）和式（5-81）进行积分。这要求有流动常数 C 和出口速度比 Z。对于式（5-79），积分开始于离入口区很远的区域

（$H_n = H_t = \infty$ 或者 $R_h = 0$），一直到满足式（5-79）的边界条件（$H_n = H_t = 3$ 或 $R_h = 1/3$）时结束。在这点，程序切换到去执行积分式（5-81）。当平均界面压力达到规定的 $P = 2$ 时，积分中止。积分过程紧接着进入了变形区，这里使用四阶龙格库塔法来求解由式（5-86）、式（5-67）和式（5-80）组成的一阶常微分方程组。积分开始于入口区边界条件（$X = 1$）和式（5-90），初始值 H_{n1} 和 P_{b1} 都是从入口区分析中得到的。积分进行到变形区的出口边界，这里应用边界条件式（5-91）。

在高速情况下或者油膜厚度接近于极限油膜厚度时（此时润滑剂压入了表面不连续的凹坑中），在这些情况下，在平均雷诺方程中泊肃叶形式（描述压力梯度的影响）和库埃特形式（描述表面速度的影响）相比非常小，使得润滑剂的流动速率变得与压力梯度无关。相反，压力梯度变得对润滑剂流动速率十分敏感，因此不可能找到一个流动速率常数 C 来满足出口边界条件（$P_b = 0$）。

Sheu 和 Wilson[62] 在求解高速混合润滑问题时，忽略了变形区的泊肃叶形式，平均油膜厚度就由流体动压决定。既然油膜压力不能通过雷诺方程计算得到，那么就要通过其他方式对油膜压力进行计算。这里采用的是由轧制压力 P 和微凸体有效硬度 H_a 来间接计算，油膜压力可以从式（5-25）得到：

$$P_b = P - AH_a \tag{5-92}$$

这里 H_a 由式（5-26）给出，E 的值可以由式（5-20）转换得到：

$$E = \frac{2L^*(1-A)}{Y}\left(\frac{RX}{R^*}\frac{dX}{dH_n} - 1\right) \tag{5-93}$$

另外，H_t、H_n 的关系能够进行数值转化，因此使用微分关系是很方便的。其表达式为：

$$\frac{dH_n}{dX} = \frac{dH_n}{dH_t} \times \frac{dH_t}{dY} \times \frac{dY}{dX} = \frac{256}{128 + 280\bar{Z} - 280\bar{Z}^3 + 168\bar{Z}^5 - 40\bar{Z}^7} \times \frac{CRXZ(1-R)}{3S[Z(1-R)+Y]^2} \tag{5-94}$$

式（5-94）除了可以为式（5-93）提供 dH_n/dX 的值，还可以通过数值积分来得到变形区任意位置未知变量 H_n 的值。

但是该方法不能在整个变形区上应用，这是因为计算得到的无量纲油膜压力 P_b 并不一定等于入口区分析得到的 P_{b1}，或者在出口区降为零。Sheu 和 Wilson 通过在入口区和变形区之间引入过渡区来解决该问题[62]，即泊肃叶形式在过渡区存在，在变形区忽略。

5.3 模拟软件开发及结果分析

5.3.1 模拟软件开发

本章根据理论模型，采用 C^{++} 语言编写了混合润滑模拟计算程序，实现了对冷轧润滑问题的模拟计算。为了使用方便，采用 Visual C^{++}6.0 开发了程序的 GUI 图形界面，并调用 Matlab 对计算结果进行绘图，便于用户对计算结果进行总结分析[102~104]。

程序的输入包括：系统参数、原料参数和轧制参数等。在求解过程完成后，程序输出一套数据文件，给出了详细的无量纲轧制压力、摩擦应力和油膜厚度等变量在变形区的分布。模拟软件所有文件都放在“CodlRollingLub”文件夹中，直接将“CodlRollingLub”文件夹考到 C 盘根目录下，用鼠标双击“GUI. exe”文件，即可进入主画面。点击进入主画面后，界面显示了软件的名称“冷轧润滑模拟仿真软件”。另外，界面包括四个菜单，即“输入”、“计算”、“结果”和“关于”。当单击“关闭”按钮时，将会退出本系统。

5.3.2 模拟结果分析

为了对整个变形区内单位轧制压力、油膜压力、油膜厚度等变量的分布进行分析，使用“冷轧润滑模拟仿真软件”进行了模拟计算。

理论计算采用的变量和参数如表 5-1 所示。同时，为了比较在不同速度下各个变量的变化趋势，在其他变形条件相同的条件下，利用程序计算了轧制速度分别为 0.2m/s、0.5m/s、2.0m/s、4.0m/s 和 7.0m/s 时的实例。

表 5-1 理论计算使用的参数

参数名称	参数数值	参数名称	参数数值
润滑油黏度/Pa·s	0.042	带钢变形抗力/MPa	600.0
黏压系数/Pa^{-1}	2.0×10^{-9}	带钢入口厚度/mm	1.0
轧辊直径/mm	110.0	带钢表面粗糙度/μm	1.0
轧制速度/$m\cdot s^{-1}$	0.2~7.0	表面微凸体间距/μm	35.0
压下率/%	40.0	表面图案系数	9.0
前张力/MPa	80.0	黏附系数	0.2
后张力/MPa	80.0		

图 5-3 是单位轧制压力在变形区的分布情况。由于采用了卡尔曼微分方程来计算单位轧制压力，单位轧制压力在变形区内呈现“摩擦峰”形式。

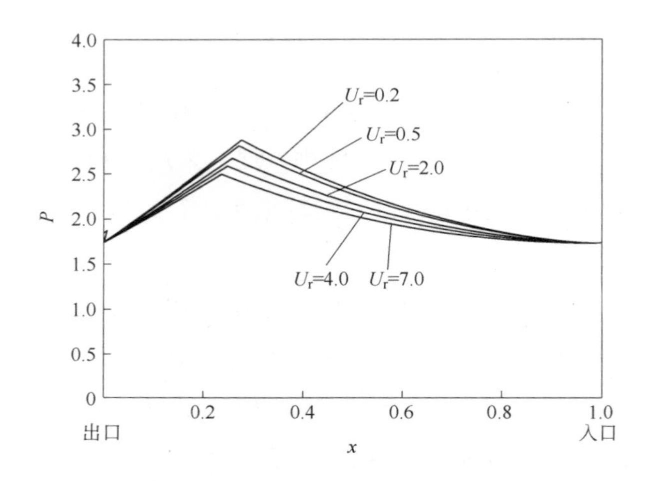

图 5-3　不同速度下单位轧制压力在变形区上的分布

由图 5-3 可见，随着轧制速度的提高单位轧制压力下降，这与高速情况下的流体动压作用显著，使油膜增厚，从而导致摩擦水平下降有关。同时也可以看到，随着轧制速度的提高，中性面向出口移动，这也是摩擦系数下降的一个标志。

图 5-4 是变形区内的油膜压力分布情况，由图可见，界面间油膜压力相当大，在高速下，基本和单位轧制压力相同，其最大值已经达到甚至超过了

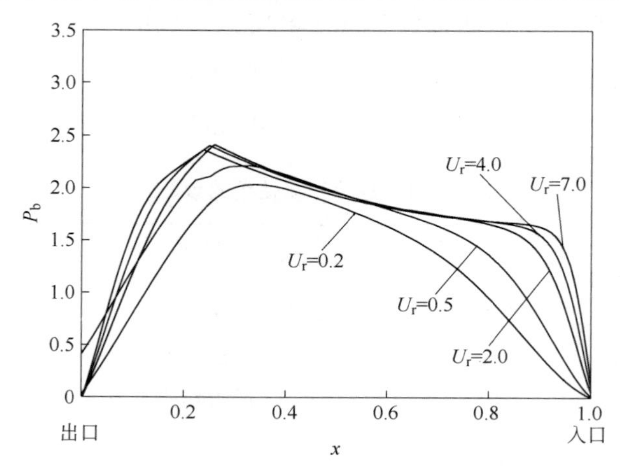

图 5-4　不同速度下油膜压力在变形区上的分布

带钢的屈服极限。油膜压力在入口处很小，在进入变形区后迅速增加，在中性点附近达到极大值，在出口处回落为零。随着轧制速度的增加，油膜压力在入口平面附近的增大速度加快，油膜压力的最大值也增加，这是由于在高速下发生了显著的流体动压作用。

图 5-5 给出了微凸体上承担的压力 P_a 在变形区的分布情况。在入口平面由于基体开始发生塑性变形导致了表面微凸体有效硬度的降低，表面微凸体压平导致接触比迅速增加，且在入口平面处油膜压力急剧增加，分担了微凸体上承担的压力，这些使微凸体上的压力发生了降低。

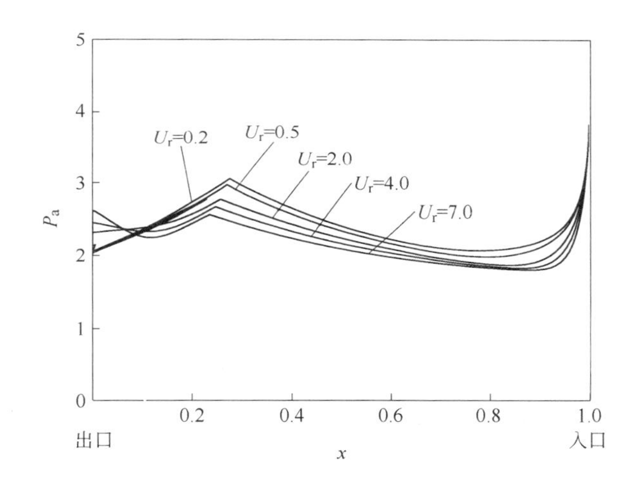

图 5-5 不同速度下微凸体压力在变形区上的分布

在经过入口平面处的变化后，油膜压力和接触比在变形区内部基本恒定，这时由于单位轧制压力的升高，微凸体要承受更多的压力，导致了微凸体上压力的升高，并且其极大值位于中性面处。从中性面到出口平面，随着单位轧制压力的降低，P_a 也随之下降。而且随着轧制速度的升高，微凸体上应力 P_a 也呈下降趋势，这也印证了 Wilson 关于基体塑性变形对微凸体硬度影响的研究成果。至于在轧制速度大于 2m/s 时，在出口平面处出现的 P_a 上升的现象，可能是由于 X_2 值的调整，使油膜压力降低造成的。

图 5-6 是接触比 A 在变形区的变化曲线。

由图 5-6 可见，接触比在入口处迅速增加，在变形区剩余区域内基本恒定。这是由于带钢在变形区的入口平面处发生了显著的表面微凸体压平，随

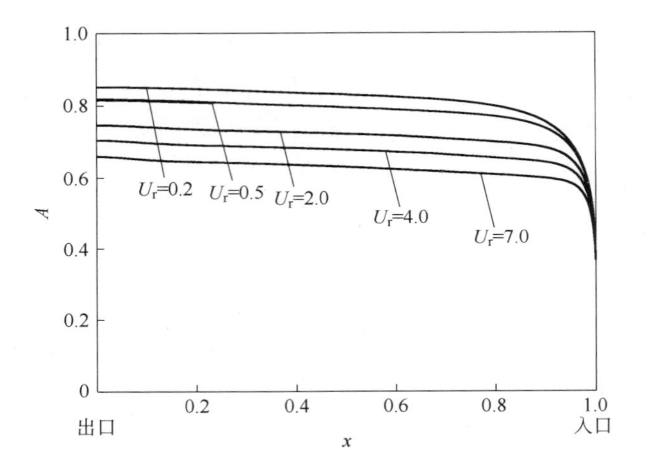

图 5-6　不同速度下接触比在变形区上的分布

着微凸体的压平，其有效硬度进一步增加，这时单位轧制压力已经超过了基体的平面变形抗力，而且油膜压力的增大也间接地抑制了微凸体的压平。因此，此时基体发生塑性变形，而微凸体不会再变形，从而接触比保持恒定。随着速度的增加接触比减小，这是由于油膜压力的增大使油膜承担了更多的轧制压力，从而使接触比减小。尽管油膜压力数值很高，但由于接触比高达0.8左右，即油膜接触只占名义接触面积的20%，所以实际上油膜只承担了总轧制力的20%左右。

图5-7是油膜厚度在变形区内的分布情况，与接触比的变化趋势相反，

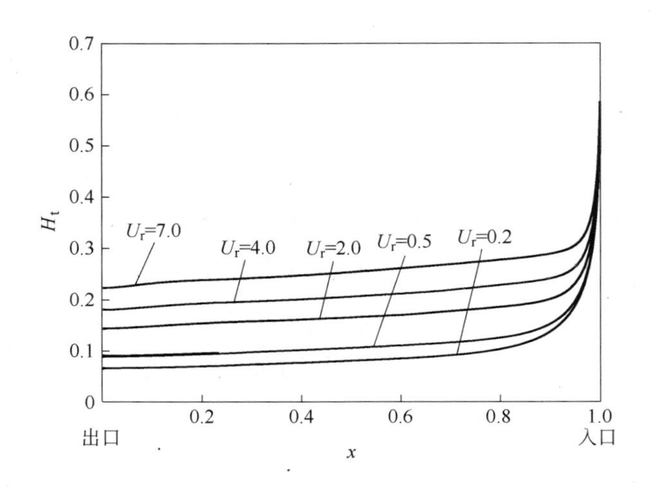

图 5-7　不同速度下油膜厚度在变形区上的分布

油膜厚度在入口平面处迅速下降，在出口平面的油膜厚度为0.1～0.2μm，即为轧辊和带钢总粗糙度的10%～20%，且随着轧制速度的增加，油膜厚度增加。

图5-8是摩擦系数在变形区的分布，这里的摩擦系数是摩擦应力除以剪切屈服强度的结果，而通常所说的摩擦系数是摩擦应力除以单位轧制压力得到的，而单位轧制压力是剪切屈服强度的2.5倍左右，所以通常意义上的摩擦系数是这里计算值的一半左右，大概在0.06～0.07，这基本符合实际情况。随着速度的增加，摩擦系数的绝对值减小，且中性面向出口平面移动，这表明界面间的摩擦水平随轧制速度的增加而降低。

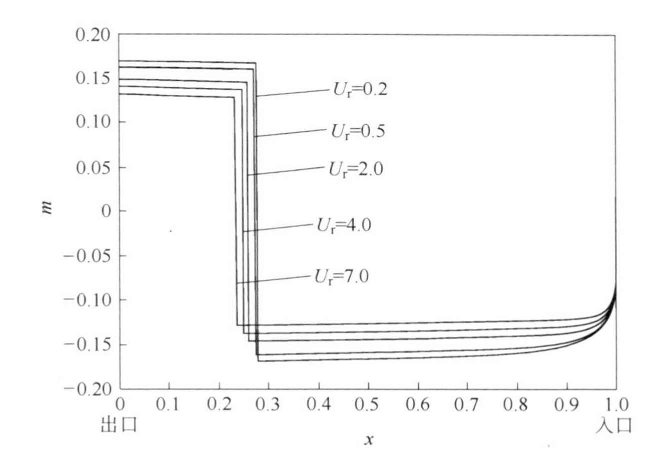

图5-8 不同速度下摩擦系数在变形区上的分布

6 结　论

本研究紧密结合生产实际，以合作研究课题为背景，通过大量的理论和实验研究工作，对冷连轧过程中带钢和轧辊的温度变化行为、冷轧润滑机制等问题进行了深入系统的研究，研究取得了如下结果：

（1）对冷轧过程中变形区内变形热、摩擦热和热量分配模型进行了分析，采用传统的轧件变形功模型计算轧件的变形热，考虑到实际轧制时轧辊与轧件接触表面为混合摩擦状态的实际情况，采用预位移-滑动摩擦模型计算轧制变形区摩擦热，并在考虑带钢和轧辊初始温度对热量分配影响的基础上，将摩擦热作为等效独立热源温度来考虑，建立了变形区内轧件与轧辊之间热量的分配模型，同时采用考虑弹性变形的轧制力计算模型，在综合考虑上述模型的基础上，建立了轧制变形区内带钢温度的计算模型，包括变形功模型、摩擦热模型、热量分配模型，给出计算变形区内轧件与轧辊的摩擦热和轧件塑性变形功的方法，进而计算出变形区内总的能量。

（2）建立了冷连轧过程的油膜厚度模型，并利用轧制力模型对摩擦系数进行反算，通过对变形区内油膜厚度与摩擦系数之间关系的定量研究，建立了新的考虑轧制速度、润滑油性能、乳化液流量等因素在内的摩擦系数模型，分析了工艺润滑制度（乳化液浓度、黏度、流量、初始温度、轧制速度、轧辊的粗糙度等因素）对摩擦系数的影响规律，为轧制变形区内带钢温度的精确计算奠定了基础。

（3）在 Visual Studio 6.0 环境下开发了冷轧带钢温度场模拟计算软件，利用所开发的带钢温度场计算软件，对冷轧过程中带钢温度的主要影响因素进行了分析，温度场计算结果为轧辊温度场的精确计算奠定了基础，也为冷轧过程中乳化液的合理使用提供了理论依据。

（4）利用 ANSYS 商业软件这个平台，开发了轧辊温度场计算软件，在带钢温度计算的基础上，对各机架工作辊的温度场进行了计算，通过计算给出合适的用于轧辊冷却的乳化液流量，在此基础上，给出了连轧机组中每个机架轧辊冷却流量及轧辊冷却分配模式，为喷射梁设计及喷嘴的选择提供了理论依据。

(5) 在国内外研究的基础上，对轧制变形区内热阻的主要影响因素（如接触面粗糙度、接触压力、润滑油膜等）进行了分析和研究，建立了变形区内轧件与轧辊接触的热阻模型，给出了较精确的传热系数，提高了轧辊温度场的计算精度。对乳化液喷嘴的喷射距离、喷射角度、喷射压力、水流密度、乳化液温度等对传热系数的影响规律进行了研究，给出了乳化液的热交换能力计算模型，为冷轧带钢和轧辊温度的计算提供了条件，为每个机架喷射梁的设计与流量的精确控制奠定了基础。

(6) 在国内外相关油膜厚度模型基础上，建立了入口区最小油膜厚度模型，利用实验研究结果建立了油膜厚度与摩擦系数关系模型，该模型将对摩擦系数的影响因素归结为油膜厚度的影响上来，进而可提高轧制力模型的预测精度。同时利用所开发的模型对影响最小油膜厚度的主要因素进行了分析，给出了各主要因素（轧制油黏度、轧制速度、压下量等）对油膜厚度的影响规律，通过计算 Stribeck 曲线对轧制润滑状态进行了定性分析，为冷轧润滑机理的研究和新型油品的开发提供了理论依据。

(7) 在考虑带钢和轧辊表面形貌的基础上，建立了整个轧制变形区域的混合润滑数学模型，采用 C++ 语言开发了模拟计算软件，分析了轧制变形区内单位轧制压力、油膜压力、接触比及油膜厚度等变量的变化情况。

(8) 建立了在实验室小轧机上进行冷轧润滑油的评价方法和指标体系，为轧制油的评价和进一步开发奠定了基础。

参考文献

[1] Roberts W L. 冷轧带钢生产[M]. 王廷溥译. 北京：冶金工业出版社，1985.

[2] Chang D F. An efficient way of calculating temperatures in the strip rolling process[J]. Journal of Manufacturing Science and Engineering，1998，12：93～100.

[3] Tseng A A，Tong S X. Thermal behavior of aluminum rolling[J]. Journal of Heat Transfer，1990，112：301～308.

[4] Lahoti G D，Shah S N，Altan T. Computer-aided analysis of the deformations and temperatures in strip rolling[J]. Trans ASME J. EngInd，1978，100：159～166.

[5] Tseng A A. A numerical heat transfer analysis of strip rolling[J]. Trans ASME J. Transfer，1984，106：512～517.

[6] Tseng A A，Tong S X，Maslen S H，Mills J J. Thermal behavior of aluminium rolling[J]. Trans ASME J. Heat Transfer，1990，112：301～308.

[7] Chang D F. An efficient way of calculating temperatures in the strip rolling process[J]. Trans ASME J. Manuf. Sci. Eng.，1998，120：93～100.

[8] Tieu A K. A thermal analysis of strip rolling in mixed film lubrication with O/W emulsions[J]. Tribology International，2006，39：1591～1600.

[9] Atack P A，Connelly S，Robinson I S. Control of thermal camber by spray cooling when hot rolling aluminum[J]. Ironmaking and Steelmaking，1996，23(1):169～173.

[10] Sauer W. Thermal camber model[J]. Ironmaking and Steelmaking，1996，23(1):62～64.

[11] 日本钢铁协会. 板带轧制理论与实践[M]. 王国栋，吴国良译. 北京：中国铁道出版社，1990.

[12] George Sachs，James V Latorre. Roll wear in finishing trains of hot strip mills[J]. Iron and Steel Engineer，1961,(12):71～92.

[13] Guillermo G G，Rafael C. Calculation of thermal crowning in work rolls from their cooling curves[J]. International Journal of Machine Tools & Manufacture，2000，40：1977～1991.

[14] Lenard，John G. Predictive capabilities of a thermal model of flat rolling[J]. Steel Research，1989，60(9):403～406.

[15] Tseng A A，Tonga S X，Chen T C. Thermal expansion and crown evaluations in rolling processes[J]. Material and Design，1997，1(18):29～41.

[16] Yuan-Liang Hsu，Chang-Huei Wu. An improvement of the thermal model for producing the ultra-thin strips in a conventional hot strip mill[J]. IEEE，2004，5：891～896.

[17] 王国栋. 板形控制和板形理论[M]. 北京：冶金工业出版社，1986.

[18] 邹家祥. 轧钢机现代设计理论[M]. 北京：冶金工业出版社，1991.

[19] Peck C F, Mavis F T. Temperature stress in iron work rolls[J]. Iron and Steel Eng., 1954, 31(6):45~57.

[20] Wilmote S, Mignon J. Thermal variations of the caber of the working rolls during hot rolling[J]. Metallurgical Reports CRM, 1973, 34(3):17~34.

[21] Nakagawa K. Heat crown of work rolls during aluminum hot rolling[A]. Sumitomo Light Metals Technical Report, 1980, 21(1):45~51.

[22] 吴兴宝. 轧辊热弹性数学模型[J]. 钢铁研究，1985，35(2):31~38.

[23] 杨利坡，刘宏民，彭艳，等. 热连轧轧辊瞬态温度场研究[J]. 钢铁，2005，40(10):38~41.

[24] 陈宝官，陈先霖. 用有限元法预测板带轧机工作辊热变形[J]. 钢铁，1991，26(8):40~44.

[25] 李世烜，钟掘. 轧辊周期性动边界瞬态温度场有限元分析[J]. 中南工业大学学报，1995 增刊：43~48.

[26] 小岛之夫，武山干根，水野高尔. 薄板冷间压延における界面温度の计算[J]. 塑性と加工，1989，30(342):1004~1009.

[27] 平野坦，等. 薄板冷间压延における板とロル间の热收支に关する解析的检讨[J]. Journal of the JSTP, 1984, 25(282):631~638.

[28] 王益群，刘涛，姜万录，等. 冷连轧机工作辊温度场分析及膨胀量预报[J]. 中国机械工程，2006，17(5):496~499.

[29] 王伟，连家创. 板带轧机工作辊温度模型与特性研究（一）[J]. 重型机械，2000，11(2):35~38.

[30] 王伟，连家创. 板带轧机工作辊温度模型与特性研究（二）[J]. 重型机械，2000，11(5):23~25.

[31] 曹建刚，麻永林，王宝峰，等. 冷轧辊热行为及其控制[J]. 钢铁研究，2001，119(2):35~37.

[32] Seredynski F, et al. Prediction of plate cooling temperature during rolling mill operations[J]. Journal of Iron and Steel Institute, 1973,(3):197~203.

[33] Wright H, Hope T. Rolling of stainless in wide hot strip mills[J]. Metals Technology, 1975,(9):565~576.

[34] Zheleznov Y D, Tsifrinovich B A. Problem of the heat balance of sheet in the continuous hot rolling[J]. IZV VUZ Chernaya Met., 1968,(9):105~111.

[35] 黄光杰，汪凌云. 冷轧变形热及温升研究[J]. 金属成形工艺，1999，17(1):45~46.

[36] 胡秋，肖刚．冷轧薄板摩擦热及温升模型研究[J]. 金属成形工艺，2002，17(1)：45 ~ 48.

[37] Orowan E. Graphical calculation of roll pressure with the assumptions of homogeneous compression and slipping friction[J]. In：Proceedings of the Institution of Mechanical Engineers，1943，150：141 ~ 145.

[38] Reynolds O. On the theory of lubrication and its application to Mr. Beauchamp Tower's experiments including an experimental deformation of the viscosity of Oil[J]. Phi. Trans. Roy. Soc，1886，177：97 ~ 155.

[39] Dowson D，Higginson G R. A numerical solution to the elastohydrodynamic problem[J]. J. Mech. Eng. Sci.，1959，1：6 ~ 15.

[40] Dowson D，Higginson G R. Elastohydrodynamic lubrication. The fundamentals of roller and gear lubrication[M]. Oxford：Pergamon，1966.

[41] Hamrock B J，Dowson D. Isothermal elastohydrodynamic lubrication of point contacts，Part II—ellipticity parameters[J]. Trans ASME，J. Lubri. Technol.，1976：375 ~ 383.

[42] Patir N，Cheng H S. An average flow model for determining effects of three dimensional roughness on partial hydrodynamic lubrication[J]. ASME Journal of Lubrication Technology，1978，100：12 ~ 17.

[43] Cheng H S. Plastohydrodynamic lubrication [J]. In：Friction in Metal Processing. 1966，69 ~ 79.

[44] Bedi D S，Hillier M J. Hydrodynamic model for cold strip rolling[J]. Proc. Inst. Mech. Engrs，1967，182：153 ~ 162.

[45] Avitzur B，Grossman G. Hydrodynamic lubrication in rolling of thin strips[J]. ASME J. of Basic Eng.，1972，94：317 ~ 328.

[46] Wilson W R D，Walowit. An isothermal hydrodynamic lubrication theory for strip rolling with front and back tension[J]. Tribology Convention，London：Inst. Mech. Eng.，1971：169 ~ 172.

[47] Atkin A G. Hydrodynamic lubrication in cold rolling[J]. Int. J. Mech. Sci.，1974，16：1 ~ 19.

[48] Chung Y，William W R D. Full film lubrication of strip rolling[J]. Trans. ASME，J. of Tribology，1994，116：569 ~ 576.

[49] 道森 D，希金森 G R. 弹性流体动力润滑[M]. 北京：机械工业出版社，1982.

[50] 雒建斌，温诗铸，黄平．弹流润滑与薄膜润滑转化关系的研究[J]. 摩擦学学报，1999，19(1):72 ~ 77.

[51] Dowson D. A generalized reynolds equation for fluid film lubrication[J]. International Journal of

Mechanical Science, 1962, 4: 75 ~ 87.

[52] Dowson D, Higginson G R. Elasto hydrodynamic lubrication[J]. London: Pergamon Press, 1977.

[53] Martin D, Leitholf J, Richard Dahm. Model reference control of runout table cooling at LTV [J]. Iron and Steel Engineer, 1989(8):31 ~ 35.

[54] Dowson, Whitaker. A numerical procedure for the solution of the elastohydrodynamic problem of rolling and sliding contacts lubricated by a Newtonian fluid[J]. Proc. Int. of Mecha. Eng., 1965, 180: 57 ~ 71.

[55] Lugt P M, Wemekamp A W, Napel W E, et al. Lubrication in cold rolling: elasto-plasto hydrodynamic lubrication of smooth surfaces[J]. Wear, 1993, 166(2):203 ~ 214.

[56] Wedeven L D, Cusano C. Elastohydrodynamic film thickness measurements of artificially produced surface dents and grooves[J]. ASLE Trans., 1979, 22: 369 ~ 381.

[57] Azushima A, Kihara J, Gokyu. An analysis and measurement of oil film thickness in cold strip rolling[J]. J. Jap. Soc. Tech. Plasticity, 1978, 19: 958 ~ 965.

[58] Reid J V, Schey J A. Full fluid film lubrication in aluminum strip rolling[J]. ASLE Trans., 1977, 21: 191 ~ 200.

[59] Sargent L B, Tsao Y H. Surface roughness considerations in metal working[J]. ASLE Trans., 1980, 23(1):70 ~ 76.

[60] Tsao Y H, Sargent L B. A mixed lubrication model for cold rolling of metals[J]. ASLE Transactions, 1977, 20: 55 ~ 63.

[61] Sutcliffe M P F, Johnson K L. Lubrication in cold strip rolling in the mixed regime[J]. Proc. Instn. Mech. Engrs., 1990, 204: 249 ~ 261.

[62] Sheu S, Wilson W R D. Mixed lubrication of strip rolling[J]. STLE Tribology Transactions, 1994, 37: 483 ~ 493.

[63] Wilson W R D, Chang D F. Low speed mixed lubrication of bulk metal forming processes[J]. ASME Journal of Tribology, 1996, 118: 83 ~ 89.

[64] Lin H S, Marsault N, Wilson W R D. A mixed lubrication model for cold strip rolling-part1: theoretical[J]. Tribology Transactions, 1998, 41(3):317 ~ 326.

[65] Chang D F, Marsault N, Wilson W R D. Lubrication of strip rolling in the low-speed mixed regime[J]. STLE Tribology Transaction, 1996, 39: 407 ~ 415.

[66] Qiu, Yuen, Tieu. On the terory of thermal elastohydrodynamic lubrication at high slide roll rations: line contact solution[J]. ASME Journal of Tribology, 2001, 123: 36 ~ 41.

[67] Lu C, Tieu A K, Jiang Z. Modeling of the inlet zone in the mixed lubrication situation of cold strip rolling[J]. J. Material Process. Technol., 2003, 140: 569 ~ 575.

[68] Wilson W R D. Friction and lubrication in bulk metal-forming processes[J]. Journal of Applied Metalworking, 1979, 1(1):7～17.

[69] Bowden F P, Tabor D. The Friction and Lubrication of Solids [M]. Oxford: Clarendon Press, 1953.

[70] 克拉盖克斯．摩擦磨损计算原理[M]．北京：机械工业出版社，1982.

[71] 边宇虹，刘宏民．应用预位移原理求解冷轧板带接触表面层摩擦力[J]．钢铁研究学报，1994，6(1):29～35.

[72] 刘宏民．三维轧制理论及其应用——模拟轧制过程中的条元法[M]．北京：科学出版社，1999.

[73] 黄传清，连家创．关于板带轧制变形粘着区长度的计算[J]．重型机械，1994(4):37～41.

[74] Грудев А Д. 金属压力加工中的摩擦与润滑手册[M]．焦明山译．北京：航空工业出版社，1987.

[75] 连家创．冷轧薄板轧制压力和极限最小厚度的计算（Ⅰ）[J]．东北重型机械学院，1979，18(3):21～34.

[76] 周庆田．冷连轧过程中机架间带材温度分布及其影响因素的研究[J]．上海金属，2004，26(4):30～33.

[77] 周桂如，马骥，全永昕．流体润滑理论[M]．浙江：浙江大学出版社，1990.

[78] 李小玉，顾正秋，等．轧制工艺润滑[M]．北京：冶金工业出版社，1981.

[79] 吴安民．轧制过程中润滑油膜厚度理论的研究[C]．北京金属学会第五届冶金年会论文集，2008.

[80] 卢立新，蒋晓军．含固体微粒润滑流体热弹流润滑分析[J]．江南大学学报（自然科学版），2002，1(4):328～331.

[81] Reolands C J A. Correlational aspects of the viscosity-temperature-pressure relationship of lubricating oils[D]. Druk. U. R. B. Gronigen, 1966.

[82] 温诗铸，杨沛然．弹性流体动力润滑[M]．北京：清华大学出版社，1992：2～5.

[83] 姚仲鹏，王瑞君，张习军．传热学[M]．北京：北京理工大学出版社，1995.

[84] 孔祥谦，王传溥．有限单元法在传热学中的应用[M]．北京：科学出版社，1981.

[85] Devadas C, Samarasekera I V, Hawbolt E B. The thermal and metallurgical state of steel strip during hot rolling[J]. Metallurgical Transactions, 1991, 22A(2):307～319.

[86] Chen W C. Thermomechanical phenomena during rough rolling of steel slab[D]. Vancouver Canada, The University of British Columbia, 1991: 23～32.

[87] Mikic B, Carnasciali G, The effect of thermal conductivity of plating material on thermal contact

resistance[J]. ASME Journal of Heat Transfer, Aug, 1970, 92(3):475～482.

[88] Antonetti V W, Whittle T D, Simons R E. An approximate thermal contact conductance correlation[J]. ASME J. Electronic Packaging, 1993, 115(1):131～134.

[89] 郑林庆. 摩擦学原理[M]. 北京：高等教育出版社，1994：124.

[90] 刘杰. 不锈钢冷轧润滑机理及对表面质量的影响[D]. 北京：北京科技大学，2001.

[91] Christensen H. Stochastic models for hydrodynamic lubrication of rough surfaces [J]. Proc. Instn. Mech. Engrs. , 1970, 184(1):1013～1022.

[92] Peklenik J. New developments in surface characterization and measurements by means of random process analysis[J]. Proc. Instn. Mech. Engrs. , 1968, 182: 108～126.

[93] Sutcliffe M P F. Surface asperity deformation in metal forming process[J]. Int. J. Mech. Sci. , 1988, 30: 847～868.

[94] Korzekwa D A, Dawson P R, Wilson W R D. Surface asperity deformation during sheet forming [J]. Int. J. Mech. Sci. , 1992, 34: 521～539.

[95] 张铁，闫家斌. 数值分析[M]. 北京：冶金工业出版社，2001.

[96] Wilson W R D, Sheu S. Real area of contact and bounday friction in metal forming[J]. Int. J. Mech. Sci. , 1988, 30(7):475～489.

[97] Wilson W R D, Murch L E. A refined model for the hydro-dynamic lubrication of strip rolling [J]. Journal of Lubrication Technology, 1976, 98: 426～432.

[98] Tripp J H. Surface roughness effects in hydrodynamic lubrication: the flow factor method[J]. ASME Journal of Lubrication Technology, 1990, 204: 249～261.

[99] Wilson W R D, Marsault N. Partial hydrodynamic lubrication with large fractional contact areas [J]. Manufacturing Science and Engineering, ASME, 1995, 2(2):1187～1192.

[100] 赵德文. 材料成形力学[M]. 沈阳：东北大学出版社，2002：41～45.

[101] Heng-Sheng Lin, Nicolas Marsault, Wilson W R D. A mixed lubrication model for cold strip rolling-part I[J]. Theoretical, Tribology Transactions, 1998, 41(3):317～326.

[102] 钱能. C++程序设计[M]. 北京：清华大学出版社，1999.

[103] John J Barton, Lee R Nackman. 科学与工程计算（C++版）[M]. 袁超伟等译. 北京：电子工业出版社，2003.

[104] 黄维通. Visual C++面向对象与可视化程序设计[M]. 北京：清华大学出版社，2000.